教育学专业(教师教育方向)系列教材

丛书主编　　孙亚玲　傅　淳

青少年智力因素开发与非智力因素培养

主　编　闵卫国　李光裕
副主编　柳翔浩

科学出版社 龙门书局
北京

内 容 简 介

　　本书属于孙亚玲教授与傅淳教授任总主编、由闵卫国教授和李光裕讲师编写的教育学专业(教师教育方向)的系列教材之一。

　　本书分上下两篇共 11 章,语言规范,通俗易懂,可操作性强。内容包括青少年注意力、观察力、记忆力、想象力、思维力、创造力的开发和青少年动机、兴趣、情感、意志、性格的培养等,力求结合大学生生活、学习以及他们今后职业活动的实际,突出心理学原理的应用,强化心理学的服务功能。

　　本书适合作教育学专业和心理学专业本科生的教材,也可供其他各专业的本、专科生参考阅读,还可作为各级师资培训的教材和广大教育工作者的自学用书。

图书在版编目(CIP)数据

青少年智力因素开发与非智力因素培养/闵卫国,李光裕主编 . —北京:
龙门书局,2012.3
　教育学专业(教师教育方向)系列教材/孙亚玲,傅淳主编

　ISBN 978-7-5088-3505-1

　Ⅰ.①青… Ⅱ.①闵… ②李… Ⅲ.①青少年-智力开发-师范大学-教材 ②青少年-非智力因素-能力培养-师范大学-教材 Ⅳ.①G421 ②G44

中国版本图书馆 CIP 数据核字(2012)第 033120 号

责任编辑:谈 鲲 任 侠/责任校对:张怡君
责任印制:白 羽/ 封面设计:高海英

科学出版社
龙门书局　出版
北京东黄城根北街 16 号
邮政编码:100717
http://www.sciencep.com

杨庄长鸣印刷装订厂 印刷
科学出版社发行　各地新华书店经销
*
2012 年 3 月第 一 版　开本:B5(720×1000)
2012 年 4 月第二次印刷　印张:11 1/2
字数:174 000
定价:26.00 元
(如有印装质量问题,我社负责调换)

编 委 会

前　言

　　本书是教育学专业（教师教育方向）的系列教材之一。教材建设是课程建设的重要组成部分，编写出一本具有科学性与应用性特色的教材，是课程建设的关键环节，也是提高教学质量的重要策略。本教材编写是以马列主义、毛泽东思想、邓小平理论、"三个代表"和"科学发展观"重要思想为指导思想，从目前心理学的应用实际出发，重点探讨青少年智力因素的开发与非智力因素的培养，目的是提高青少年学生的心理素质，推动素质教育的开展，推进教育改革的进一步深化。

　　基于以上认识，结合专业建设与大学生学习的需要，我们编写了《青少年智力因素开发与非智力因素培养》一书，试图吸纳心理学领域研究的新成果，以活动与训练为主线来构建本书的内容。本书力求体现以下三方面的特色：（1）科学性。对有关智力因素与非智力因素的基本概念、原理、规律的阐述尽量采用公认的结论，力求科学、准确与规范，并体现时代特色。（2）针对性。从高等师范学校的培养目标出发，注意联系大学生的两个实际：一个是他们自身的生活和学习实际，帮助他们认识自我，完善自我，发挥心理潜能，提高学习效率，更好地适应生活，提高整体心理素质；另一个是他们今后的教师职业活动实际，帮助他们充分认识与掌握青少年智力因素、非智力因素的发展特点与培养方法，以期为他们将来高效地从事教育教学活动提供知识与技能上的保障。（3）应用性。根据本课程的特点，强调学习内容的可操作性，强化活动训练的内容，充分体现其应用价值。力求做到，让学习者既能看得懂、学得会，又能用得上、用得好。

　　本书是由闵卫国教授和李光裕讲师担任主编，第一章至第六章由闵卫国撰写；第七章至第九章由李光裕撰写；第十章、第十一章由钱素华撰写。全书由闵卫国进行修改、统稿并定稿，付仁勇参与了全书的校稿工作。

　　本书在编写过程中参考、引用和借鉴了国内外不少同仁的珍贵著述和研究成果，在此我们谨向原作者表示由衷的谢忱，感谢专家学者们用他们宝贵的学术成果给予我们工作的大力支持。在整个编写过程中，云南师范大学教育科学与管理学院及科学出版社的领导与专家满腔热情地给予关心、指导与帮助，在此我们一并表示衷心的感谢。

　　本书力求语言规范，通俗易懂，层次脉络清楚，基本定位是双学位教育学专业（教师教育方向）本科生的教材，同时也可作为心理学专业、教育学专业及其他专业的本、专科生的参考读物，还可作为各级师资培训的教材或广大教育工作者的自学用书。

由于编著者的能力与水平所限，书中难免有疏漏不妥甚至错误之处，恳请广大读者和专家不吝指正。

编 者

2011 年 9 月

目 录 *Contents*

青少年智力因素开发　　上篇

智力（intelligence）是一个异常复杂的概念。关于什么是智力，心理学家们仁者见仁，智者见智，提出了各种不同的解释，至今仍没有一个统一的定义。《中国大百科全书·心理学》关于"智力"条目的释文中明确指出："智力一词的含义看起来好像人人皆知，实际上却很难提出一种完全令人满意的定义。不过人们普遍承认智力主要是指进行认知性活动所必需的心理条件的总和。"[1] 这从一个侧面说明了智力概念的复杂性。

1921年和1986年，心理学界曾召开两次关于"什么是智力"的研讨会，邀请当时研究智力的专家来讨论智力，让专家给出智力的定义。心理学家从各个不同方面对智力加以定义，结果表现出很大分歧，具体在智力属性的16个方面显现出差异。例如：有的认为智力是"高级认知过程"，有的认为智力是"个人适应环境的能力"，有的认为智力是"学习能力"等。这种分歧并没有随着时间的推移而消除。但无论在哪一个时代，在智力的基本属性上，人们又有共同的看法。例如，认同智力包括高级认知过程和低级认知过程，智力是对新情况或新环境的适应等看法的在两次研讨会中都占据不小的比例。

近年来，又不断有新的智力概念提出，如多元智力、成功智力、情绪智力等。这些概念使原本就复杂的智力概念更加扑朔迷离。

美国心理学家加德纳（H. Gardner，1983）认为，智力应该是在某一特定文化情境或社群中所展现出来的解决问题或制作生产有效产品的能力。据此，他提出了多元智力理论，认为智力不是一种能力而是一组能力，至少包括言语—语言智力、音乐—节奏智力、逻辑—数理智力、视觉—空间智力、身体—动觉智力、自知—自省智力、交流—交往智力、认识自然的智力等八种智力。每个人都拥有相对独立的八种智力，它们在每个人身上以不同方式和不同程度进行组合，从而使每个人的智力各具特色。每一种智力代表着一种区别于其他智力的独特思考模式，但这些智力之间是相互依赖、相互补充的。[2]

美国心理学家斯腾伯格（R. J. Sternberg，1985）提出了成功智力的概念，认为成功智力是指用以达成人生主要目标的智力，它能使个体以目标为导向并采取相应的行动，是个体对内外情景中信息刺激进行加工处理的能力。智力是由分析性能力、创造性能力和实践性能力三种相对独立的成分组成的。多数人在这三种能力上存在着不均衡，个体的智力差异主要表现在这三种能力的不同组合上。据此，他提出了智力的三元理论，包括了智力成分亚理论、智力经验亚理论和智力情境亚理论。[3]

"情绪智力"是由巴布娜·柳纳（Barbura Leuner，1960）在《情绪智力与解

① 中国大百科全书总编辑委员会《心理学》编辑委员会. 中国大百科全书（心理学）[M]. 北京：中国大百科全书出版社，1991：556.

② 泛珠三角地区九所师范大学. 现代心理学[M]. 广州：暨南大学出版社，2006：197.

③ 同②，198.

放》一文中首先提出来的。美国心理学家塞拉维和梅耶（Salovey & Mayer，1990）认为情绪智力是"个体监控自己及他人的情绪和情感，并识别、利用这些信息指导自己的思想和行为的能力"。它包括：（1）情绪的知觉、评估和表达能力；（2）思维过程中的情绪促进能力；（3）理解与分析情绪，习得情绪知识的能力；（4）调节情绪，以促进情绪与智力发展的能力。这一概念已被公众广泛接受。[①]

由此可见，智力具有多种属性，可以从不同角度或方面予以界定。但我们认为，智力在本质上仍然是一种认知能力，而不是需要、动机、兴趣、性格等其他非认知领域的心理特性，不能任意扩大智力的内涵和外延。大多数心理学家仍然把智力看成是人的一种一般性综合认知能力，即认知活动中最一般、最基本的能力。

在本书中我们认为，智力是指以抽象思维为核心的一般性综合认知能力，包括注意力、观察力、记忆力、想象力、思维力、创造力等重要成分。注意力是智力活动的"门卫"。只有经过门卫对信息的筛选，才保证了智力活动的顺畅性与高效性。观察力是智力活动的"门窗"。只有观察的窗户敞开，才能使外界信息源源不断地输入，为开展智力活动提供丰富的素材。记忆力是智力活动的"仓库"。只有记忆仓库储存的信息丰富而牢固，才能使智力活动的开展顺利而有效。想象力是智力活动的"翅膀"。只有展开想象的翅膀，才会使智力活动富有创造性。思维力是智力活动的"CPU"。只有保持思维CPU的正常运转和功能发挥，才能使智力活动得以有效开展。创造力是智力活动的"终结者"。只有发挥创造终结者的作用，才能使智力活动不断升华，实现智力活动效能最大化。

学生的智力因素是影响学习的重要因素之一，针对学生智力因素进行有效训练，开发学生智力的潜能，是当前教育教学改革面临的重大课题。深入认识并学习这些知识，掌握智力开发的技能，既是提高教学水平和教学艺术的重要理论依据，又是促进全面发展教育目的实现，从而提高全民素质的一个重要方法，具有重要的理论意义与现实意义。以下主要针对智力的几种重要构成成分及其训练进行初步探讨，以帮助学习者达到学以致用、自助助人的目的，从而提升自身的心理素质与师范职业素养，更好地为今后的职业活动服务。

---

① 泛珠三角地区九所师范大学. 现代心理学[M].广州:暨南大学出版社,2006:199.

第 一 章

青少年注意力的开发

本章学习结束时教师能够：

- 能举例说明注意的类型、品质和主要规律
- 能运用注意力测量技术对学生的注意力进行测评
- 能运用注意力的有关方法对注意力进行开发训练

第一节　注意的基本概念与原理

测验 1.1

注意力小测验①

请对下面的测试题作答，凡符合自己情况的在括号内打"√"，不符合自己情况的打"✕"。

1. 妈妈教导我的时候，我常常会左耳进，右耳出，不知她在说什么。
（　　）

2. 做作业时，语文作业还未做完，我往往急着做数学作业。（　　）
3. 我常常看漫画书，很少看只有文字的书。（　　）
4. 一有担心的事情，我会终日忧心忡忡，干什么事情都提不起精神。
（　　）

5. 我老爱穿那一两套自己特别喜欢的衣服。（　　）
6. 上课时，我常常会想起其他事情，以致影响到听老师讲课。（　　）
7. 做作业时，我会觉得时间过得特别慢。（　　）
8. 我的好朋友各方面都和自己很相似。（　　）
9. 哪怕很小的事情我都担心自己做不好。（　　）
10. 被老师批评后，我始终忘不了当时的难堪情景。（　　）
11. 我做事情喜欢拖拖拉拉。（　　）
12. 期末复习时，我喜欢一会儿复习这科，一会儿复习那科。（　　）
13. 放假时，我会用几天时间把所有作业都做完，其余时间尽情地玩。
（　　）

14. 在等人时，我会觉得特别心烦。（　　）
15. 读书时，20 分钟不到我准会分心。（　　）
16. 要我参加自己不喜欢的活动我就特难受。（　　）
17. 上课时，教室外无论发生什么事情都会引起我的兴趣。（　　）
18. 和同学聊天时，我会不知不觉地说起话题外的事情。（　　）
19. 我做事情没有定计划的习惯。（　　）
20. 我的兴趣爱好好像很长时间都没什么改变。（　　）

① 周文.青少年智力开发与训练全书·注意力开发与训练(上)[M].哈尔滨:黑龙江人民出版社,2001：68-69.

评分与评价：

凡打"√"的题目记0分，打"╳"的题目记1分，把得分相加便是自己的总分。

注意能力评价表

总分	0~5	6~10	11~15	16~20
注意力水平	较差	一般	较好	很好

核心概念与重要原理

注意是指人的心理活动对某一对象的指向与集中。它和人的心理过程紧密联系，是心理活动的一种组织属性或特性。

注意力是指人的心理活动指向与集中于某一对象的能力，它是人的一种稳定的心理特征，是智力的重要组成成分。

无意注意（不随意注意）是指事先无预定的目的，也不需要意志努力的注意。

有意注意（随意注意）是指有预定目的，需要一定意志努力的注意。它由人的意识控制，所以也叫随意注意。

有意后注意（随意后注意）是指有自觉目的，但不经过意志努力就能维持的注意。

注意的广度（注意的范围）是指在一瞬间内被人的意识所把握的客体的数量。

注意的稳定性是指在较长时间内，人把注意保持集中在某一种活动上（包括指向某一对象）的特征。

注意的分配是指在同一时间内把注意指向两种或两种以上活动中的特性。

注意的转移是指根据新任务的要求，人有意识地把注意从一种活动或对象，转到指向另一种活动或对象上去的特性。

注意的分散（分心）是指在外界诱因干扰下，注意离开应当完成的任务而指向无关的活动和客体。

影响注意范围的主客体因素：1. 客体因素：（1）客体的复杂程度和客体间的关系；（2）环境因素（照明与干扰等）；（3）活动任务的简单与复杂。2. 主体因素：（1）主体的知识经验；（2）对任务的知觉；（3）情绪和兴奋状态。

影响注意分散（分心）的原因：（1）外部因素，多余的无关诱因的吸引，嘈杂环境的干扰，目标刺激物与活动太单调等。（2）内部因素，在生理方面，身体疲劳困倦，激活与觉醒水平太低，身体不适或有病等；在心理方面，目的动机不明，情绪低落与波动，意志薄弱，抗干扰能力太差，不良生活、学习与工作习惯等。

克服分心（保持注意的稳定性）的条件主要有：（1）活动与活动对象丰富多

彩、生动有趣，有吸引力；（2）排除无关诱因与刺激干扰，保持学习与工作环境的安静；（3）提高活动的积极性；（4）积极进行思维活动，提高思维活动积极性；（5）劳逸结合，防止过分疲劳，加强体育锻炼；（6）保持稳定与高涨的情绪，形成坚强的意志品质；（7）养成良好的工作和学习习惯。

注意分配的基本条件：（1）同时从事两种及两种以上的活动，多数达到熟练或自动化程度，最多只有一种不熟练；（2）同时进行的活动之间，形成了有联系的活动系统。

注意转移快慢的原因：（1）原来注意的紧张与稳定程度。原来注意的紧张度越大、越稳定，注意的转移就越困难、越缓慢；反之，注意的转移就越迅速。（2）新的注意对象的特点。新对象、新活动越符合人的需要，具有重要意义，有趣味、有吸引力，注意的转移就越迅速；反之，注意转移就越缓慢。（3）人的神经活动的灵活性特征。神经类型属于灵活型的人要比非灵活型的人注意转移的速度快。

注意种类在教学中的应用：（1）唤起学生的有意注意，提高学习的自觉性：①激发学生克服困难和干扰的意志力；②让学生明确学习目的和任务；③创设"问题情境"，启发学生积极思维；④正确组织教学，严格要求学生；⑤利用信号控制法，防止学生注意分散。（2）正确运用无意注意的规律组织教学：①在教学环境方面，要尽量防止分散注意的刺激出现；②在教学方法上要尽量防止单调死板，要不断提高课堂教学的艺术；③教学内容符合学生的需要，切合学生的实际。（3）引导学生几种注意交替使用，设法保持学生的注意力：①引导学生几种注意交替使用；②教学方式和学习活动要多样化；③保持适当的教学速度；④教学内容应该难易适度。

第二节　注意稳定能力训练

《列子·汤问》中谈到了纪昌学射的事。说的是我国古时候有个叫纪昌的人，拜当时的射箭高手飞卫大师为师，学习射箭。纪昌恳求飞卫："老师，请您把射箭的绝招教给我吧！"飞卫大师语重心长地说："学射箭首先要练好基本功，你得先学会盯着目标不眨眼的功夫。"纪昌回到家，整天躺在织布机旁，双眼一眨不眨地盯着梭子（织布机零件），眼睛看得酸疼流泪也从不泄气。坚持苦练两年，练到锥尖触到眼眶也不眨眼。纪昌以为基本功练到家了，很得意地去见老师。不料老师却说："你还得练眼力，要把最小的目标看得清清楚楚才行。"纪昌回到家，找来一根牛毛，又捉了一只虱子，用头发拴住挂在窗口，然后站在远处注视它，整整练了三年。这时，在纪昌眼中，虱子已变得像车轮那么大。纪昌再去见老师，老师交给他一把特制的小弓箭，纪昌张弓搭箭，一箭射穿了虱子的中心却连头发都未碰上。飞卫老师高兴地说："现在你的功夫已经学到家了！"从此，纪昌成了世代相传的神箭手。

读了上面的故事，谈谈你受到的启发。你的体会是什么？你能向纪昌学到些什么？

活动 1.1

活动项目：划消训练。

活动目标：提高注意稳定能力。

活动材料：英文字母表

GDBXKATFKLOOOKBVCRHATFMNMBVVCVIOPATFVYKRKWSKSKFATFBJK

ATFBHJKLDKGATFVXZXULLHJGGDCATFLLHFIVLATFVNKLDHJUKLKLATF

KKLDFYHATFJHYFNBOWKJJATFPOIBELAPBGFTKATFIUGCWBATFHCULWN

JSATFKJIHKIOWFJNKJATFIOEIIFKIOATFIOFSLKGRTKLLKATFGERGHTRIKL

RHOATFSYFVIUYJYIUCEKJUVUATFIIUYUIHFJKSATFIUJSDIOUYYTCCYATF

JHOHYHIUYIUSHYYTEWJKDATFUVYZIUUGUYTUVUYTSSCATFYWUIUWH

KWATFUTTCUYYTCTYATFCWCGYFCFCYATFYGWCYUCYUWATFCWKHGTC

UYFATFGCGWGJHGATFGJHCGHFCTFCQATFGJHCFHCJVGCPCOTFHFHCJCF

TATFKIUTDDUYYWYFYFWATFJVOPJVTATFYGYGWYJCFJATFKLHSKJHVFA

TFFTIHSDRATFFDDFFFUSYUICTFYATFFFAGCAIYUVHGSHVHGATFYIGSYF

FSFCHGGHATFGCCAGHFCASSATFGHCCHGACGHXFGFATFHGACHGSSGAT

FGHSGHVCGCGHZKHGATFVJACHGCHCUUICGFATFFCCHGACACAATFCAIIJ

WIATFWKJGJKSVSHVETFHSHVKJSVSHVSKJATFHVHJVUHFUIYUFYATFYW

IOYGVIUEATFFWFUFFUYFATFUYIUWKJCKLATFOWIPOWUIIJOIHUIATFFTY

WTFFCCUYWATFFWUWFCUFTFATFFUGYUYVUVHJATFUVHVBHJATFGHW

GVHBSJATFHSVATFJVDHATFHATFHHVEWFRGATFHGCSHGHHBDVATFKLJV

LKKXNJBATFHGCKCGCVSDBNKJWATFIWHOIATFESCSCVJHATFHCVCAT

FVJATFJSVVATFKLHVKJSJSATFGSHSVJIUIOWHFINMCATFIOHIHCMIOPTFW

IJCWIMIMCMIIATFCOECPJEPEOJATFOCOWCPOJATFOCWOPFEFCOWATFOW

CMIFWICATFUWIWYUUIUHATFWOIWHIYHOICFHATFOWCOPFWPWFATFC

OIHCHATFCOIFUIOFCIOATFIUUIWFCIUWGATFYUWGYHGISFGIFKATFHUH

UVHKJEVHOATFUHCUEHFIUHATFUWGIUCFGIUCVGEIUATFFWICEGGCHV

HJATFJCEHOHCIHATFHEIHEVOIHEHATFHVHHVEHIUHUATFKCKLWHFHUI

ATFFEGYYUEUEIATFEHHHJKKATFDJPEUJLTFJOPOEJJIOEOIGEATFHIEIOEH

FIOATFEHHEUCIUGATFCUEUIATFEIOJIOEIOKATFEPEIEOOECEFUFOIATFCO

PFMPOOPATFIMIMCOFWORYTEWATFTFUWEKICFECATFCIFWIEOCIATFCUC

KUOISATFCFCPFDMJIFTFCVFATFIMOFSDOIOATFFAFSIDSFIMEFCOIENOIOI

ERIATFIEFCREOIIEYIFOIFOIATFIIMOIEWFNUCIMATFFIOMOCIFIFWEOPOW

FEYTFIOIWOIIIOFATFIMCFIDIDIISRTDCDXATFATFIEDIOMXFIOIFATFDICCU

DSIUUIATFOICOIIFIOATFPOCOFSPOCOSDIDIUOIOUXCATFXMOIFWNUATFE

TYTEWKIUATFATFCXIUNFXUATFCFOICMFIOMCSTRATFCFFDIOSFOIFIODF

ATFUNIUCCSUATFIUCHUISHUHUUIHSDUATFOIFCMOIGTYDXXDIOUIDYTY

TATFIOIOCIUDFCSATFXIUNUCFTTYRASUISUHATFTTRXUCYIUFIOATFMCIT

RTYDATFCUINWEFTATFEWIUCOUXCIUWFETRTATFRCRDRXIIUFDGFASFCC

CSATFSDSDSFDSHDFJATFSFTSIFIOIFMATFOPFPFOFGJATFYDXFDYTTDFIX

DDWATFEDYRXRUYFCIFEQTATFUIEWTXCYITYCXKUATFTXYUIIWYYYIC

WATFRYWEWQUYEWYTDATFRTXRDUTYATFIYDCWCXTXUYDUYYATFTD

WEIUYITTIDWUYATFTTDYWEUITIUYYEDEATFTDXDTYTDXTXTDDATFIYC

WEDDRDYDYTXTDFYTATFIDCIUWEXCTRWATFRTXXYTEXWTXWATFRXY

TWXTTTYDEYYTYTEYTFUIECNEDWCIYEFCTYEDXTYRDATFICOWNCCNI

UERRWQATFYXUDIQFTDTEWDEEYCTDATFTEEDUXEWCYXTFXWEYTYUY

ATFTTYXFATFWQTXDDYTQWTDRDEYUOTFTXTDTFWDDYDYRFXTATFUE

WUEWUEWURRATFTYUEKWIWUIWUIEFCATFUYDEWFCYEWTIWYTATFDD

YFDUUTFETXFUTATFTEEIYCWETYEDATFEEYEWIUYWEUGTFYFXTDQDU

YWYTUATFTFFXTFTDYTTYEXDATFUYEYWETUDYUWEIEWFATFUYEWUU

TCIEWCUIATFYUEWUECIUWETXFTFDATFTDTXFUYATFFCYUEDIUICCEWI

CIEIAKFUTUFEEWUEIWIUWIUATFTEYWTXTUTYTUUEEWATFFDGFGTDGF

FFHRHRNCJIATFIFIREEYUFTYTATFTEFTWFIFUYUATFFUEFUWETUYEWATF

RUWEFUATFRDYIEFYUYATFFTYUFTUYFTUYEATFTEIYITFUYTEEFATFUWF

UTEUYFTEWYATFTFWUFUYWUYYFYUFGATFUIFTIFWTEYEFATFFYUGEWI

FGIUEATFIFEATFFYUIFTATFUFATFWEGFYWFWUFEVREYUATFUIEUTRGIU

GETATFUIEYFIUEIFUTYEFTATFYWEYFTIWYFEUIWJTFUWUEFTATFFWTUY

UYUREATFOEROYFOUEYOEIFIATFYGYWGIATFWYFTUWEUTYEWATFITER

TITYYYTFRYUERFATFRERDGHOERYYUOREEGATFFEDIERTIUGGREYUATF

REUTFUIERUFIUEEITGEFEDEATFREYTFYREGUIGGFEIUGGIUERATFREGUG

GGUREIUGHATFRATFRIATFGRETIUGERIATFUGATFITIERGATFKJBHIORIAT

FGGUGUIEGFGTFATFGHJGWUIFIUEWWATFHJGFRGEFGYEWGUYYFIYGATF

YFATFUEUHIATFUIEGUIATFGATFYUGEGEYGUYEUAGDGGGDDGHGGDHD

HJDSGDGSYGTFGHGJHDATFERYUSYFTFFFYUGATFIUTFIWYFTYUETYUAT

FGIERYGTEUYUUYUYWYGFEUKTSPIFUYGEYUATFGEIUGRIDDTJNYRWYU
YTYTYEYGSYYUYSGYRHDHDGTFFUYDDGFDKYYHSUYSYDGATFGDYHU
UYUSYUYUYATFIWIUWYUFUFATFFYDFDYYYATFFTFYWUOUUHUATFYGD
YSUYTRTRUYSATFJJXDYDIEUYDATFUHHHHATFVJHHHJATFJDVWTFKUGG
HGATFSDNNKJNHJBATFKNKJCKKHSHKSDHATFJDHJDHDATFDJKHKJVKDT
FHKVHKJHATFHKHVNMATFFHKJFHATFHHJDJDJUUJJDUATFCUGUCGUGAT
FCGUGATFUGDSUSATFUSGGUGJYYGATFYYGGATFGYGYATFYYGDATFGY
GYATFYGDJCJARFDUJDUJDJATFJDJDJCATFIUSIISFUYOATFYYIYFJKJSHATF
EHJATFJSHJ SHJATFHJVHATFJJSKHATFJVHJDHFKATFIUIWJAKATFKAIMKJ
DATFUFFJSKATFJSJHDATFHKSHATFKDHKJSHATFISJVJSATFAJAKJKATFKJK
JUFATFFEIATFFIYFATFGCYATFERDIIRDUJDUJDJATFJDJDJCACFIUSIISFUYO
ATFYYIYFJKJSHATFEHJATFJSHATFJATFHJVHDUJDUJATFTFJDJDJCATATF
SIISFUYOATFYYIYFJKJSHATFEHJAUFJSHJSHJATFHJVOATFCTFEA

活动要求：要求把规定的符号（如：ATF 出现时）划掉，在 ATF 字母上画一条斜线。（5 分钟）

活动过程：用铅笔实际进行划消练习。

学习提示：集中注意，注意练习的准确性。检查效果可以参考以下公式：净分＝粗分（全部划掉字数）－（错划＋0.5×漏划）；失误率＝（错划＋0.5×漏划）÷净分×100％

第三节　注意转移能力训练

活动 1.2

活动项目：走迷津训练。

活动目标：提高注意转移的能力。

活动材料：迷津图。

活动要求：请试着用眼睛尽可能快地从左边的一个代表城市的数字出发，追踪图中所呈现的每一条线，并记下图右边的每一条线终止的那个空格中城市，然后，再用铅笔核对。（5 分钟）

活动过程：用彩色铅笔实际进行追踪线路图的练习。

学习提示：集中注意，注意准确性与速度的要求。

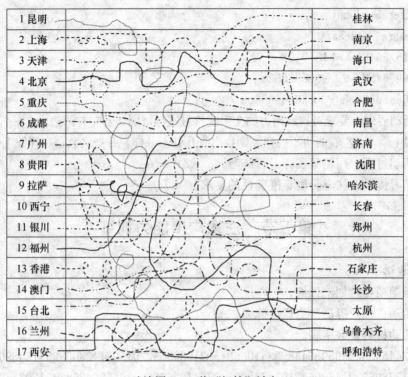

1 昆明		桂林
2 上海		南京
3 天津		海口
4 北京		武汉
5 重庆		合肥
6 成都		南昌
7 广州		济南
8 贵阳		沈阳
9 拉萨		哈尔滨
10 西宁		长春
11 银川		郑州
12 福州		杭州
13 香港		石家庄
14 澳门		长沙
15 台北		太原
16 兰州		乌鲁木齐
17 西安		呼和浩特

迷津图 1.1　找 "姐妹" 城市

第四节　注意分配能力训练

活动 1.3

活动项目：文字、符号辨别训练。

活动目标：提高注意分配能力。

活动材料：

东西南北中—东西南北中

一朝一夕—一朝一歹

上下左右前后里外—上下左右前后外里

塞翁失马—寒翁夫马

戍戌戎—戌戍戊

儿童青少年—几童少青年

天下大治—天下太冶

春眠不觉晓处处闻啼鸟—春眠不觉晓外外闻啼鸟

轻重大小粗细高低—轻重大小粗佃高低

Keep————keap

tessra————teaara

21579648————21579468

969967563————969697653

86886688668————86886688668

活动要求：要求对连线两边的文字或符号进行辨别，若左右两边完全一样，则在连线上画 0，左右两边不一样，则找出有几处不一样，并把次数写在连线上。

活动过程：用铅笔实际进行练习。

学习提示：注意分配、准确性的要求。

第五节　注意广度能力训练

活动 1.4

活动项目：划消训练。

活动目标：提高注意广度能力。

活动材料：数字表。

8562134469852036502545890251036945021589365220159214236589541258963214885254125896532147896321014752023697841025986221045890258745120563021151145323692015012478520369875112501256984152020251256987452052285221563215441220069887441200365411205698787525221056987821520533025233354123512522242223354122256322452159687523546521402369502145802354802145896300124789200254124654282214523236971230214779920156201466205385225722025320026002522002637852589698796332150837898410235698741005225698456325415987530012568954012587910054456225262568988954030248962312456221057858920152964600478500462130048951145620586233593220222351235987521023569845212023659874521102659875412036954410023654100398741159587665422356984110369410366952247711233998500121741236952563541156214532145266521159999845356545632221737656634537237885244666646759968757423357554565456445464546421682349343533587437865217956378943213736267543126547631534659852715154

活动要求：把规定的符号（如："5"出现时）划掉，尽可能不要出错，错得越少，所用时间越短，说明你的注意力越集中，注意广度越大。（3 分钟）

活动过程：用铅笔实际进行划消练习。

学习提示：集中注意，注意广度的要求。检查效果可以参考以下公式：净分＝粗分（全部划掉字数）－（错划＋0.5×漏划）；失误率＝（错划＋0.5×漏划）÷净分×100%

第六节　注意规律在教学中的运用

"小燕子"是五（2）班同学送给张晓燕的外号，她还真有点像《还珠格格》中那个上下翻飞、活泼可爱的"小燕子"。你看她，上课也想专心听讲，但不知怎么，就是坚持不了。她常常是听着课，思想却不由自主地飞到课外：今天回去要让妈妈给买个漂亮的发夹！自己养的电子宠物——"欢欢"休息得好不好？爸爸答应给她借高清 DVD-9 碟片《功夫熊猫》是否借到了？放学后赶快跑回家玩《魔兽》游戏……结果，五年级上学期结束，"小燕子"的学习成绩明显下降，成了班里的学习"困难户"。

与"小燕子"不同的是，大名鼎鼎的物理学家牛顿，据说有一次约请一位朋友到家里来吃饭，饭菜已经摆上桌了，可牛顿还没有从书房出来。朋友知道牛顿的工作风格，就独自吃了起来，吃完后把所有的骨头放回盘子，离开了牛顿的家。牛顿从书房出来，打算吃饭，当看见盘中的骨头时，拍着脑袋瓜自言自语道："我还以为自己没吃呢，原来已经吃过了！"又回书房继续工作了。

你认为"小燕子"在学习中存在的主要问题是什么？原因何在？如何解决？牛顿在工作中表现出什么样的品质？它对活动有何影响？

其实，"小燕子"的问题主要是平时所说的"分心"现象。课堂上分心，注意力涣散，对学习的干扰极大，是造成学生课堂学习效率降低的主要原因之一。而一心扑在工作上的牛顿，注意力高度集中，不但忘了请朋友吃饭的事情，而且连自己吃了没有都忘了，像牛顿在工作中的这种状态就是我们平时说的"专心致志"。

怎样才能使自己的注意集中呢？下面的方法会对提升注意力有一定的帮助。

●开展丰富多彩、生动有趣的活动，培养学习兴趣。小学生的学习兴趣常以学科内容及教师讲课的生动性为转移。要不断加深对各学科意义及作用的认识，由对学习的外部过程感兴趣，逐渐转向对学习结果感兴趣，即由原来的学习"好玩"转变为学习"有用"。

●明确学习的目的，提高活动的积极性。充分认识到小学阶段的学习，是今后进一步学习的重要基础。如果"地基"不牢，就会严重影响今后"大厦"的建筑质量。通过制订计划表，从而顺利实现各阶段的目标。

●排除无关诱因与刺激干扰，保持学习与工作环境的安静，磨炼意志品质。不管一件事对你有多大的吸引力，只要它与当前的学习无关，我们就一定要排除它，努力做到心无二物。

●保持稳定与高涨的情绪，积极进行思维活动，提高思维活动积极性。

●学习活动多样化。在课堂上，要边听、边看、边想、边记、边练、边做，多种活动结合起来，把注意力始终保持在当前的学习活动上，这是防止学习走神的好办法。

● 养成良好的注意习惯。俗话说："习惯成自然。"在学习开始时，能马上投入注意；在学习进程中，能始终保持高度注意；在遇到困难后，能马上动员自己的意志力量，强使自己去注意；在学习结束时，仍能使注意保持紧张状态，有始有终。

● 劳逸结合，防止过分疲劳，加强体育锻炼，养成良好的工作和学习习惯。

本章要点

● 注意是指人的心理活动对某一对象的指向与集中。
● 注意力是指人的心理活动指向与集中于某一对象的能力，它是人的一种稳定的心理特征。
● 无意注意是指事先无预定的目的，也不需要意志努力的注意。
● 有意注意是指有预定目的，需要一定意志努力的注意。
● 有意后注意是指有自觉目的，但不经过意志努力就能维持的注意。
● 注意的广度是指在一瞬间内被人的意识所把握的客体的数量。
● 注意的稳定性是指在较长时间内，人把注意保持集中在某一种活动上（包括指向某一对象）。
● 注意的分散是指在外界诱因干扰下，注意离开应当完成的任务而指向无关的活动和客体。
● 注意的分配是指在同一时间内把注意指向两种或两种以上活动中去的特性。
● 注意的转移是指根据新任务的要求，人有意识地把注意从一种活动或对象，转到指向另一种活动或对象上去的特性。

思考与练习

1. 倒着数数练习。从 301 起每隔两位倒数至 1，即数 301，298，295，292，…1。经常坚持练一练，体会一下有什么好处？

2. 划消练习。在下面的字母表中，出现"tcz"时你就把它划去（在"tcz"上划斜线）。经常练习，可以使你的注意集中而稳定，并逐步养成认真细致的良好习惯。

Hjsnytcdxjugstczljhdgtczhfdwabnhftczbfsdsihytczjklogtdvtczbhgeayiptczhbgfdsghmmt

czjjhubngftczdannmjyuevtczmnbfdetczjjkkkIluyrdtczhbgdfshjjjjtczjghdasavnmjhtczgg

fdftiktczjjnmvgdstczjtvdasgxzctczjjggghytczahfsjnbctczdgjkonnytczdhhffhehcbhjdggtc

zhgeyydhxtczbbnnmyyhdgtczggldslagbvhladwytczhhdekjdhvtczheiwejicbvtcznbvvghw

ettdhwjntczetutcvzxtczjdgghdbuiokltczttyhasbczghtczbvhhjklmytczhjhbnbmwheopwpb

dbrtczwwepnmbacdfueitczhbfhjdkskhkgkktczvhkionmybbgfhmmvftcjjjbfgekknhggtwk

tczhggllhvevttczhhiowknbfwjntczyjovbcsahkougbtczgghheknnikjhgvstczssfhopmbcwwh

jtczvgjjbvdfhojotczsckklgdctczbhkkncsdhkntczssghbabbcxcartczdfghjkjaweqphjnbtczd
dghbbbbvtczdfjjjbbcsasdfvbntczhhggpfhktweyklavvtczgggguhgvvfyupntczghhjjkkbvcdt
czhhlbgwubbtczkkbvklalyrhjhbtczdkladduauidglatczlppjnvjfgyutczfflhfulybagtczhlglgl
hggkiybbtczdfklbvbbgyhbtczllhhltczojjmgyiibnkdewftczcyjwnjtczjbfrjmtczggigkghgdt
czsgajslnvswjtczhgiewfywtczjfhvhwvhkvtczttysuwioqexiyxrxywouxtfrwrtwttrwyhtgx
yfxrfsytyxyjjcfjwtczfuduqftczscthcvtczsoeytczhvjhupfxtczyvozftczpqxdcefovtczo

3. 走迷津（动物找家）练习。在下面的迷津图中，用彩色铅笔为十二生肖"鼠、牛、虎、兔、龙、蛇、马、羊、猴、鸡、狗、猪"找到自己的家。时间5分钟。注意准确性与速度的要求，可以提高注意转移能力。

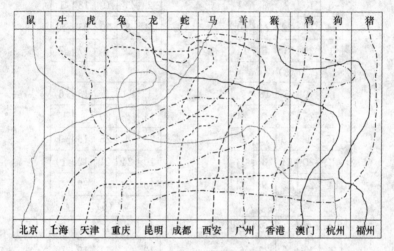

迷津图1.2　十二生肖找家

4. 读读下面的小故事，谈谈你的体会。

大数学家高斯，一边思考数学问题，一边回家，当他走到自家门口时，敲了敲门，只听里面仆人说："主人不在家。"高斯转身就走，嘴里自言自语地说："没关系，我下次再来。"

你的体会是：＿＿＿＿＿＿＿＿＿＿＿＿＿＿＿＿＿＿＿＿＿＿＿＿＿＿＿

＿＿＿＿＿＿＿＿＿＿＿＿＿＿＿＿＿＿＿＿＿＿＿＿＿＿＿＿＿＿＿＿＿＿＿

5. 采用许特尔图表法进行训练。所谓许特尔图表，就是在一张20厘米×20厘米的正方形卡片上，画有25个小方格，在每个小格内无顺序地填写上阿拉伯数字1～25，要求按顺序找出1～25的数字，而且必须边读边指出，见下图。该图表可用来测量一个人的注意的稳定性水平。正常的7～8岁儿童，寻找每张图表上的数字时间是30～50秒，平均40～42秒。正常成年人看一张图表的时间大约是25～30秒，有些人可缩短到11～12秒，极个别的人只需要7～8秒长的时间。如果每天坚持练1～2遍，就可以使注意的范围、注意的稳定性、注意的分配、注意的转移能力等得到大大提高。

1	12	8	10	17
11	2	20	3	22
19	24	5	23	18
4	25	7	13	6
16	9	15	14	21

(1)

7	16	2	15	4
12	25	11	20	9
3	8	1	17	24
18	13	23	21	5
6	19	14	10	22

(2)

4	9	12	2	7
17	15	18	23	13
6	10	8	3	21
11	19	22	24	20
1	25	16	5	14

(3)

6	15	9	5	18
21	11	3	16	12
2	23	19	13	1
24	8	20	25	10
14	22	4	17	7

(4)

15	10	5	18	7
6	25	14	2	24
17	1	19	16	8
12	20	11	3	23
4	21	13	9	22

(5)

1	11	7	15	6
14	8	20	3	17
23	4	25	16	9
10	24	21	12	19
13	18	5	22	2

(6)

9	5	17	12	2
23	15	4	25	6
1	24	22	8	21
11	7	16	18	3
19	14	10	20	13

(7)

21	9	17	2	5
13	1	11	19	15
4	16	24	20	8
7	25	12	3	22
14	18	6	23	10

(8)

6	11	8	13	5
18	2	24	16	19
4	22	1	25	7
12	23	9	14	20
10	15	21	3	17

(9)

8	13	2	11	4
15	23	7	19	21
22	3	18	16	9
5	25	14	12	24
10	17	6	20	1

(10)

相关文献链接

● 燕国材.智力因素与学习[M].北京:教育科学出版社,2002:第一章,第二章.
● 周文.青少年智力开发与训练全书·注意力开发与训练(上、下)[M].哈尔滨:黑龙江人民出版社,2001.

第 二 章

Chapter 2

青少年观察力的开发

本章学习结束时教师能够：

- 能举例说明观察的类型、品质和主要规律
- 能运用观察力测量技术对学生的观察力进行测评
- 能运用观察力的有关方法对观察力进行开发训练

第一节　观察的基本概念与原理

测验 2.1

观察力小测验①

下面是一组有关观察能力的测试题，如果你想了解自己的观察力如何，请你准备好铅笔和手表完成下面的这套测试题。

1. 你现在能马上说出你现在的学校大门是什么样子的吗？　　能　　否

2. 下面是一张图，图中有 12 个小朋友，请你用 1 分钟的时间把他们找出来。

3. 现在你能马上正确地回答出这本书的封面上有些什么图案吗？（不要翻过书来看）

　　　　　　　　　　　　　　　　　　　　　　　　　　　能　　否

① 周文.青少年智力开发与训练全书·观察力开发与训练(上)[M].哈尔滨:黑龙江人民出版社,2001:68-75.

4. 下面有一个方框，方框里有20个各种各样的图形，方框的外面也有若干个图样，请你用2分钟的时间，把方框里和方框外的相同形状的图形挑选出来。

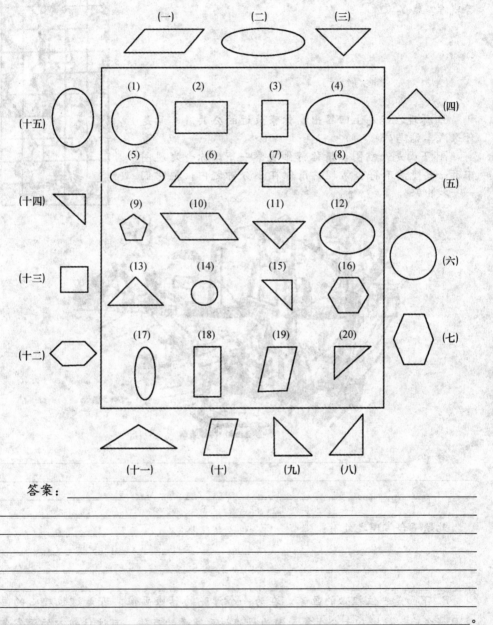

答案：_____

_____

_____

_____

_____

_____

_____

5. 现在请你仔细地观察一下右面的这幅图形, 图中的这幅画一共被平均分成五十五个小方格, 请你在2分钟的时间里找出图案完全相同的小方格, 试试看, 你能否找准?

6. 你现在能马上回答出离你家最近的公共汽车站是什么汽车站吗?　　　　　　　　　　能　否

7. 下面是一幅图, 请你仔细观察一下, 你会发现图中有一些情景不符合常理, 请你在1分钟之内, 把它们一一找出来。

答案: _____

_____

_____。

此题不合常理之处有: _____

_____

_____。

8. 下面是一位粗心的画家, 在为一个漂亮的姑娘画像。可是这位粗心的画家画好之后, 姑娘却十分生气, 因为姑娘说画家画的有错, 可这位粗心的画家怎么找也找不出自己错在哪。现在请你用1分钟的时间找出粗心的画家到底都画错了什么地方。

答案：_____

_____

_____

_____。

画家画错了：_____

_____

_____

_____。

观察能力小测验评分标准及评价：

1. 答"能"得1分；答"否"得0分。

此题得分：_____。

2. 12个小朋友都找到者，此题得10分；找到10或11个者此题得8分；找到9个者此题得6分；找到7或8个者此题得4分；找到6个者此题得2分；找到5个或5个以下者，此题得1分。

此题得分：_____。

3. 答"能"得1分；答"否"得0分。

此题得分：_____。

4. ①（三）与（11）相同；②（四）与（13）相同；③（六）与（1）相同；④（十二）与（8）相同；⑤（十三）与（7）相同；⑥（十四）与（15）相同；⑦（十五）与（12）相同。

分数：7个全部答对者此题得10分；答对6个者此题得8分；答对5个者此题得7分；答对4个者此题得5分；答对3个者此题得2分；答对1个或2个者

此题得 1 分；答对 0 个者此题得 0 分。

有错误答案者，在应得分数中扣 1 分。

此题得分：＿＿＿＿＿＿。

5. 第 2 行的第 2 个小方格和第 10 行的第 1 个小方格、第 8 行的第 5 个小方格和第 11 行的第 5 个小方格的图案完全相同。

分数：完全与正确答案相同者，此题得 10 分；只答出部分答案者，此题得 7 分；答出全部答案但又答出其他错误答案者，此题得 5 分；答出部分答案，但有其他错误答案者，此题得 3 分；全部答错或没有答出者，此题得 0 分。

此题得分：＿＿＿＿＿＿。

6. 答"能"得 1 分；答"否"得 0 分。

此题得分：＿＿＿＿＿＿。

7. 此题共有三处不合理：①烟筒里冒出的烟与风向相逆，不合理；②冷饮店与人们的穿戴不相符，不合理；③人与物体的影子与太阳的位置不相符，不合理。

分数：与答案完全相同者，此题得 10 分；只答出 2 个正确答案者，此题得 8 分；只答出 1 个正确答案者，此题得 6 分；回答出 3 个正确答案，但有其他错误答案者，此题得 4 分；回答出 2 个正确答案，但有其他错误答案者，此题得 2 分；回答出 1 个正确答案，但有其他错误答案者，此题得 1 分；全部答错或没有答出者，此题得 0 分。

此题得分：＿＿＿＿＿＿。

8. ①姑娘的帽子有错误；②姑娘的裙子的领口画错了；③姑娘的袖子有错误；④姑娘的鞋子有错误。

分数：与正确答案完全相符者，此题得 10 分；回答出 3 个正确答案者，此题得 9 分；回答出 2 个正确答案者，此题得 7 分；只答出 1 个正确答案者，此题得 5 分；全部答错，或没有答出者，此题得 0 分。

此题得分：＿＿＿＿＿＿。

计分与评价：

请你把 1~8 的测验题目中的各个小题的所得分相加。相加后你的总分：

评价表

总分	0~14	15~19	20~39	40~45	46~52	53
观察力水平	差	较差	中等	较好	优秀	优异

评价解释：

（1）优异

你是个十分有心的人，你的观察力的水平极为出色，也许你已因此受益许多，如你能继续发扬下去的话，你早晚能成为一个令人羡慕的栋梁之才，祝贺你的成功。

（2）优秀

你的观察能力在你的同学或朋友之中算是很出众的了，你能很细心地去发现周围的事物，这对于你来讲，也许是多年以来养成的习惯，现在也许你觉得这很平常，无所谓，但是以后你会发现这是一个十分好的习惯，它能给你今后的学习和生活带来很多好处。

（3）较好

你的观察能力还是十分不错的，不过你也许只对你有兴趣的事物才会留心，但对于我们人类来讲，这已经足够了。只要你愿意，你的观察能力还能有潜力再提高。

（4）中等

你的观察能力是正常的水平，你的学习或工作也许特别繁忙，因此你不太注意周围的事物，不过这不会给你带来什么烦恼和不愉快。但是你不妨试着多看看周围的一切，你会发现，有许多有趣的东西。

（5）较差

你的观察能力不是太好，但只要你平时能细心一些，多看多想，还是能够弥补的。观察能力的强弱对于一个人来讲是十分重要的，你千万不要忽略它。我相信你会做得更好一些。

（6）差

如果在整个测试中，你一直都是认认真真地去完成每一个题目的话，那么你的观察能力的确应该提高了。你可以再重新看一看这些测试题目，找一找原因，从现在就开始培养自己的观察能力，否则仅此一点就会给你今后的学习和工作带来许多的困难。

核心概念与重要原理

观察是指有预定目的、有计划的、主动的知觉过程。

观察力是指有目的、主动地去考察事物并善于正确发现事物的各种典型特征的知觉能力。通过观察可以使学生获得大量的、系统的感性知识。

优良的观察品质主要有：观察的目的性、敏捷性、精确性、细致性。观察的目的性能确保学生的感知有条不紊；观察的敏捷性能加快感知的速度；观察的精确性可使感知更准确、更可靠；观察的细致性能使感知更仔细、更深入。

培养学生观察力的方法：（1）向学生提出明确、具体的观察目的和任务。（2）在观察前要充分利用学生已有的知识储备，做好充分的观察准备，制订出周密详细的观察计划。（3）有计划有步骤地培养学生的观察技能，教给他们正确观察的具体方法。（4）激起学生观察的兴趣，启发学生观察的主动性，养成独立观察，勤于观察的习惯。（5）提供学生进行多种实践活动的机会，选择适合学生个体特点的观察对象和方法。（6）在实际观察中应加强对学生的个别指导，有针对性地培养学生的良好观察习惯。（7）指导和帮助学生作好观察的记录，并对观察结果进行分析、整理和思考，写出观察报告、日记。（8）引导学生开展讨论，交流并汇报观察成果。不断提高学生的观察能力，培养良好的观察品质。

第二节　观察的目的性训练

活动 2.1

活动项目：找出相同的图画。

活动目标：提高观察的目的性。

活动材料：6张小乌龟在水中游泳的图画。①

活动要求：下面有六张表现小乌龟在水中游泳的图画，六张图画都非常相似，请在图中找出一模一样的两张图画。（1分钟）

活动过程：用笔划出一模一样的两张小乌龟图画。

学习提示：集中注意观察，注意观察目的性的要求。

① 周文.青少年智力开发与训练全书·观察力开发与训练(下)[M].哈尔滨:黑龙江人民出版社,2001:297.

活动 2.1 答案：图③和图④完全一样。

第三节　观察的敏捷性训练

活动 2.2

活动项目：找出下面图中能组合成的汉字。

活动目标：提高观察的敏捷性。

活动材料：汉字。

活动要求：请根据图中的偏旁部首找出图中能组合成多少个汉字。你能将它们都找出来吗？（10 秒钟）

活动过程：用笔写出找出的汉字。

学习提示：集中注意观察，注意敏捷性的要求。

活动 2.2 答案：音、门、日、立、月、间、们、简、位、笠、明、昱。

第四节　观察的精确性训练

活动 2.3

活动项目：找出隐藏着的东西。

活动目标：提高观察的精确能力。

活动材料：藏宝图。[①]

活动要求：请在图中找出隐藏着的这些东西：蜘蛛、鱼钩、路灯、桃心、棒球手套、勺子、剑、鱼、雨伞、木梳、高尔夫球棒、骰子、保龄球瓶、黄瓜、帆船、10元硬币、香蕉、手套。（5分钟）

活动过程：用铅笔圈出隐藏着的这些东西。

学习提示：集中注意观察，注意精确性的要求。

---

① 周文.青少年智力开发与训练全书·观察力开发与训练(下)[M].哈尔滨:黑龙江人民出版社,2001:286-287.

答案：_____

_____

_____

_____。

　　你找到了吗？要找出最后两样东西可不是一件容易的事呀。如果换一个角度去找一找，也许会很容易就把它们找出来。

　　活动 2.3 答案：

第五节　观察的细致性训练

活动 2.4

活动项目：找出藏在丛林中的东西。

活动目标：提高观察的细致能力。

活动材料：藏物图。①

活动要求：丛林中藏有许多东西：蝴蝶结、蜡烛、木梳、王冠、茶杯、鱼、鱼钩、叉子、手套、吉他、锤子、连指手套、领带、电话话筒、兔子、袜子、牙刷。你能将它们都找出来吗？（5分钟）

活动过程：用铅笔圈出隐藏着的这些东西。

学习提示：集中注意观察，注意精确性的要求。

你找到这些东西了吗？

答案：_____

_____

_____

_____

_____。

① 周文. 青少年智力开发与训练全书·观察力开发与训练(下)[M]. 哈尔滨: 黑龙江人民出版社, 2001: 291-292.

活动 2.4 答案：

第六节　观察力规律在教学中的运用

　　"哈哈哈！"五（4）班的教室里传出了自然课马老师爽朗的笑声。原来，马老师讲课前先做了个实验，让同学们仔细观察实验过程：他从讲台上拿了个水杯，然后倒进半小杯辣椒油和半小瓶醋，再加进两大勺食盐和白糖，然后伸进一个手指搅了搅，再把手指拿出来，放到嘴里咂了咂，笑眯眯地说："味道好极了！"同学们紧接着学老师的样子做了，随后，只见个个都是张大嘴巴、愁眉苦脸的模样，大叫道："难吃死了！"马老师这时才不紧不慢地说："你们上当了，我刚才伸进去的是中指，而放在嘴里的是食指，可你们却真的品尝了，谁叫你们不仔细观察呢？"同学们从此都认识到，仔细观察有多重要啊！

　　可是怎样才能培养良好的观察力呢？同学们想起了 IQ 博士，于是就急不可待地给 IQ 博士打电话，IQ 博士弄明白情况后神秘地说："让我来告诉你们五条秘诀吧！同学们，只要你们坚持了这五条，我敢保证你们会有良好的观察力的。"

　　●"目的要明确。做任何事都得先有个方向，才不会'迷路'，在观察之前你必须明白要观察什么？为什么要观察？比如春游时你带着目的去，观察春天的变化、春天的特征，否则游了一整天，回到家，你也许什么也没有看到，什么也没有记住。"同学们深有感触地点点头。

●"要有兴趣。兴趣是位好老师，它会使我们干劲大增。你要是对所观察的事物感兴趣，你就会不觉得累。正如你要是对蚂蚁搬家感兴趣，你就会蹲在地上观察半天也不觉得累。"同学们说："嘿！可真对。"

●"要有顺序。如按时间的先后、位置的远近、内外等循序渐进地观察。观察时你不能眉毛胡子一把抓，也不能东一榔头，西一棒子，看了半天却什么也没有看到。所以你观察时要注意先观察什么，后观察什么，一定要有个顺序。"同学们嘴里"哦！哦！"不住地点头称是。

●"要勤思考。要在观察中不断发现事物的新特点，提出新问题，在观察中多问几个为什么，不要满足于看到了什么，真正的收获是弄懂了为什么。"同学们赶紧问："那最后一条呢？"

●"这最后一条嘛，就是要眼耳鼻舌身全体总动员。要眼看、耳听、鼻闻、口尝、触摸联合起来，调动你的多种感觉器官，获得全面系统的认识。"

观察力在我们的生活、学习和工作中具有十分重要的意义。管理实践中有一句名言：细节决定成败。从心理学的认知特征来分析，其重点强调的就是观察力在管理活动中的作用。

两千多年前，有一位青年从很远很远的地方，不辞劳苦地来向亚里士多德（古希腊大哲学家）学习。亚里士多德随手拿了条普普通通的鱼，"去，好好看看"。青年人满脸不高兴，心想：我这么大老远来，让我看鱼？鱼有什么好看的！于是漫不经心地看了看就说："老师，我什么也没有看出来。"亚里士多德启发他再仔细看看。终于，只听见年轻人惊诧地叫起来："鱼没有眼皮！"

同学们，你注意到这一现象了吗？可见，良好的观察，对一个人的学习是多么的重要啊！培养学生观察力的方法主要有：

●向学生提出明确、具体的观察目的和任务。

●在观察前要充分利用学生已有的知识储备，做好充分的观察准备，制订出周密详细的观察计划。

●满足有效观察的条件。如：观察对象必须典型、观察必须系统全面、观察必须细心耐心、观察必须专心致志、观察必须善于把握机遇等。

●有计划有步骤地培养学生的观察技能，教给他们正确观察的具体方法。

●激起学生观察的兴趣，启发学生观察的主动性，养成独立观察的好习惯。

●提供学生进行多种实践活动的机会，选择适合学生个体特点的观察对象和方法。

●在实际观察中应加强对学生的个别指导，有针对性地培养学生的良好观察习惯。

● 指导和帮助学生作好观察记录，并对观察结果进行分析、整理和思考，写出观察报告、日记。

● 引导学生开展讨论，交流并汇报观察成果。不断提高学生的观察能力，培养良好的观察品质。

本章要点

● 观察是指有预定目的、有计划的、主动的知觉过程。

● 观察力是指有目的、主动地去考察事物并善于正确发现事物的各种典型特征的知觉能力。

● 优良的观察品质主要有：观察的目的性、敏捷性、精确性、细致性。观察的目的性能确保学生的感知有条不紊；观察的敏捷性能加快感知的速度；观察的精确性可使感知更准确、更可靠；观察的细致性能使感知更仔细、更深入。

● 培养学生的观察力方法：（1）明确观察的具体目的和任务；（2）制订周密详细的观察计划；（3）培养观察技能；（4）激起观察的兴趣，养成良好的观察习惯；（5）提供多种观察实践活动的机会；（6）加强个别指导；（7）做好观察结果的记录、分析、整理，写出观察日记、报告；（8）讨论、交流并汇报观察成果。

思考与练习

活动1

活动项目：小实验。

请你做以下小实验。用一支长约一分米，直径为2厘米的玻璃管，装上一半清水，再慢慢倒入染红了的酒精。用胶布标出酒精的高度，然后用手按住玻璃管口，颠倒摇动，直到酒精和水混合。请仔细观察，并说说有什么变化？

发生了哪些变化：_____

_____

_____

_____

_____。

你看到了什么变化：_____

_____

_____

_____

_____

你漏掉了什么：_____

_____

_____

_____

_____

活动2

活动项目：破拼音方阵。

下面的方框图内写有汉语拼音音序的大、小写字母，试按汉语拼音音序，先找出小写的二十六个字母，然后再找出大写的二十六个字母，看谁找得最快。如果你能在两分钟内全部找出来，说明你的观察力很强；如果用了三分钟也算比较强；如果用了六分钟就算一般；如果超过七分钟，那你的观察能力就算较差了。

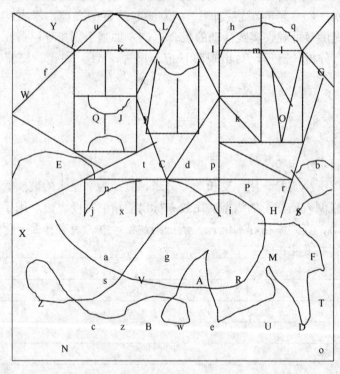

相关文献链接

● 燕国材.智力因素与学习[M].北京:教育科学出版社,2002:第三章.

● 周文.青少年智力开发与训练全书·观察力开发与训练(上、下)[M].哈尔滨:黑龙江人民出版社,2001.

青少年智力因素开发与非智力因素培养

第 三 章

Chapter 3

青少年记忆力的开发

本章学习结束时教师能够：

- 能举例说明记忆的类型、品质和主要规律
- 能运用记忆力测量技术对学生的记忆力进行测评
- 能运用记忆力的有关方法对记忆力进行开发训练

第一节　记忆的基本概念与原理

测验 3.1

记忆力小测验①

下面是一组有关记忆能力的测试题，如果你有兴趣，请准备好笔和表，测试一下自己记忆能力的水平。

1. 下面有 5 个图形，请你用 1 分钟时间记住它们的形状，然后按要求完成后面的题目，并记录下自己的分数。（先不要看题）

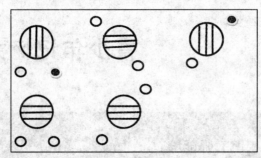

测试：请把上题的图遮住，不要看，然后完成下面的测试。（注：可不按顺序填图）

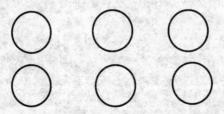

2. 下面有 10 个人的名字，请你用 2 分钟的时间仔细地看一看，然后按要求完成后面的题目。

陈芳	姜金峰	李坤	赵海波
孙瑞	王永	刘军	董婉平
方博容	伊静		

测试：请把上面的表格遮住，不要看，然后完成下面的测试。（可不按顺序

① 周文.青少年智力开发与训练全书·记忆力开发与训练(上)[M].哈尔滨:黑龙江人民出版社,2001:76-83.

填写）

陈芳	姜_____	赵_____波	王永
		董婉平	
李坤	方博容		

3. 你是否能准确地回答出三天前的现在，你正在干什么？　　　　是　　否
4. 你是否能完整地哼唱出你最喜欢的一首歌的全部歌词？　　　　是　　否
5. 你是否能准确地回答出第一次春游，你去的是哪儿？　　　　是　　否
6. 下面有 10 个时间，请你用 3 分钟的时间记住它们，然后按要求完成后面的题目并记录下自己的分数。（先不要看题）

1930 年 5 月	1827 年 8 月	1868 年 11 月
1927 年 9 月	1728 年 9 月	1972 年 3 月
1957 年 4 月	1830 年 4 月	1965 年 7 月
1969 年 6 月		

测试：请把上表遮住，不要看，然后完成下面的测试。

1927 年_____	_____	_____
	1930 年_____	1728 年_____
	1927 年_____	_____
1969 年_____		

7. 下面有 10 个图形，请你用 2 分钟的时间记住它们的形状，然后按要求完成后面的题目并记录下自己的分数。

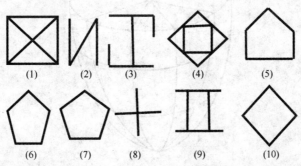

(1)　　(2)　　(3)　　(4)　　(5)

(6)　　(7)　　(8)　　(9)　　(10)

测试：请把上题的图遮住，不要看，然后将原图画一遍，看看你能画出几个。（注：可不按原题顺序）

8. 下面是"普拉奇克的情绪三维模式"图，请你用 5 分钟的时间记住其图形与文字，然后按要求完成后面的题目，并记录下自己的分数。

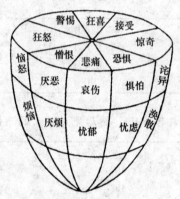

测试：请把上图遮住，不要看，将下图填入相应的文字，看看你能记下多少。（注：文字所在位置要准确，不出现错别字）

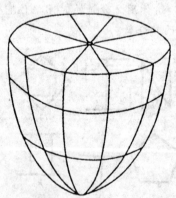

9. 你能否马上回答出上小学时，你第一位班主任的姓名吗？　　　能　　否
10. 你感觉上面的测试对于你来讲，困难吗？　　　　　　　困难　　不困难

评分标准、记分与解释：

1. 评分标准：（1）5 个图全部填正确者，此题得 10 分；（2）4 个图填正确

者，此题得 8 分；（3）3 个图填正确者，此题得 6 分；（4）2 个图填正确者，此题得 4 分；（5）1 个图填正确者，此题得 2 分；（6）都没有填对者，此题得 0 分。

此题得分：_____

2. 评分标准：（1）5 个人名全部答对者（包括字全部正确），此题得 10 分；（2）5 个人名全部答对，但有错别字者，此题得 9 分；（3）答对 4 个人名者（包括字全部正确），此题得 8 分；（4）答对 4 个人名但有错别字者，此题得 7 分；（5）答对 3 个人名者（包括字全部正确）此题得 6 分；（6）答对 3 个人名但有错别字者，此题得 5 分；（7）答对 2 个人名者（包括字全部正确）此题得 4 分；（8）答对 2 个人名但有错别字者，此题得 3 分；（9）答对 1 个人名者（包括字全部正确），此题得 2 分；（10）答对 1 个人名但有错别字者与一个都没答出者得 0 分。

此题得分：_____

3. 得分：答"是"得 1 分；答"否"得 0 分。

4. 得分：答"是"得 1 分；答"否"得 0 分。

5. 得分：答"是"得 1 分；答"否"得 0 分。

6. 评分标准：（1）全部答对者，此题得 10 分；（2）答对 9 个，此题得 8 分；（3）答对 8 个，此题得 6 分；（4）答对 7 个，此题得 4 分；（5）答对 6 个，此题得 2 分；（6）答出 5 个以下，得 0 分；

此题得分：_____

7. 评分标准：（1）画出 10 个，得 10 分；（2）画出 9 个，得 8 分；（3）画出 8 个，得 6 分；（4）画出 6 个，得 4 分；（5）画出 5 个，得 2 分；（6）画出 5 个以下，得 0 分。

此题得分：_____

8. 评分标准：

（1）答对 15~18 个者，此题得 10 分；（2）答对 12~14 个者，此题得 8 分；（3）答对 10~11 个者，此题得 6 分；（4）答对 6~9 个者，此题得 4 分；（5）答对 3~5 个者，此题得 2 分；（6）答对 3 个以下者，此题得 0 分。

此题得分：_____

9. 得分：答"能"得 1 分；答"否"得 0 分。

10. 得分：答"困难"得 0 分；答"不困难"得 1 分。

记分与评价：

请你将在 1~10 测验题目中的各个小题的所得分数相加。相加后你的总分：

总分	0~25	26~34	35~44	45~49	50~54	55
记忆力水平	迟钝	较差	中等	较好	优秀	优异

评价量表：

（1）成绩优异者：祝贺你，你具有超水平的记忆能力，在这一方面，恐怕你周围的朋友与同学是无法与你相比的，但你不妨把你的记忆技巧传授给他人一些，这对于你也有益处。

（2）成绩优秀者：不可否认，你的记忆水平也是超常的了，你足以以此为骄傲，因为你不会像有些人那样为了总是记不住事情而烦恼。

（3）成绩较好者：你的记忆水平相当不错，但也许有些你不感兴趣的事，你就把它忽略了，不过这样也好，因为有些事情本不重要。

（4）成绩中等者：不用担心，你的记忆能力属于正常的范围，人类在记忆的过程中同时也在遗忘，而且遗忘的速度很快，这属于正常的现象。你现有的记忆水平基本上不会妨碍你的学习或工作。不过你如果想再提高一下自己的记忆水平，那就更好了。

（5）成绩较差者：你是不是觉得这项测试很枯燥无味，或者你根本就不喜欢这种测试呢？其实生活中还是有许多事情需要我们去记的。当然，也许你在对平常事物的记忆能力上较差一些，但在对特殊事物的记忆能力方面成绩却不错。那么你就试试后面的这些训练题，可如果你在后面的这些训练题中成绩也如此，那么你可不太适合做需要记忆能力的工作。

（6）记忆迟钝者：在此测验过程中，你若是一直认认真真地测试的话，那你需要马上去培养自己的记忆能力了，否则你现有的记忆水平会给你的学习和生活带来许多苦恼的。

核心概念与重要原理

记忆从反映论的观点来看是指过去经验在人脑中反映的心理过程。

记忆从信息加工的观点来看是指对输入信息的编码、贮存和提取的过程。

形象记忆是指以经历（感知）过的事物形象为内容的记忆。

逻辑记忆是指以概念、判断、推理等逻辑思维过程和思想观念、定理法则、事物的关系以及事物本身的意义和性质等为内容的记忆。

情绪记忆是指经历过的客观对象、事件或活动，能引起人产生以情绪情感体验为内容的记忆。

运动记忆是指以操作过的动作、运动、活动为内容的记忆。

瞬时记忆（IM）是指客观刺激停止作用后感觉信息在极短时间内保持的记忆。

短时记忆（STM）是指保持信息在1分钟以内的记忆。

长时记忆（LTM）是指永久性的信息存贮，一般能保持多年甚至终身的记忆。

记忆表象简称表象，是指人脑重新回忆过去经历过事物的形象，是同形象记忆有关的回忆结果。

识记是指人识别和记住事物，从而积累知识经验的过程。

有意识记是指有预定目的、有确定任务而自觉地运用方法去识记事物的过程。

无意识记是指无特定的记忆目的和任务，也不采用专门的记忆方法，自然而然地记住某一事物，留下痕迹的识记。

机械识记是指根据事物的外部联系，不理解材料的意义，单靠机械重复，死记硬背的记忆。

意义识记是指根据事物内部联系，反复领会、理解，揭示其实际意义的记忆方法，也称逻辑的或理解的记忆。

记忆的策略是指运用记忆的一般规律，把有效地识记、保持、提取信息的方法和技巧最优化的过程。

保持是过去经历过的事物映象在头脑中得到巩固的过程。即暂时神经联系的巩固过程。保持是记忆过程的中心环节。

遗忘是指识记过的内容在一定条件下不能恢复与提取，或者产生错误的再认与回忆。

复述是指对学习材料的维持性的言语重复或在选择基础上的保留重复。

过度学习是指在刚刚能背诵或回忆的基础上的进一步的学习。

再认是指过去经历过的事物重新出现时能够识别出来。

回忆（再现或重现）是指过去经历过的对象不在主体面前，由于其他刺激作用而在头脑里重现出来的过程。

记忆品质是衡量一个人记忆力好坏的重要指标，是指记忆表现在速度、效率、牢固、精确、应用性等方面的特性。

记忆的敏捷性是指记忆在速度和效率上的品质。

记忆的持久性是指记忆在时间持续上具有的品质。

记忆的准确性是指所记住的事物精确无误的品质。

记忆的准备性是指善于根据当前的要求把需要的事物从记忆中准确迅速地提取出来的品质。

记忆术是指为那些没有意义而各不相关的项目人为地赋予意义与联系的识记方法。

记忆的策略：（1）根据意向律，加强识记心向；（2）把握意义律，提高理解效果；（3）掌握数量律，整记与分记相结合；（4）依照组块律，加大信息量；（5）熟悉活动律，手脑双挥出效率；（6）熟用多感官协同律，建立全方位联系。

遗忘的规律：（1）不重要的和未经复习的内容容易遗忘；（2）抽象的内容要比形象的内容、无意义材料要比有意义的材料容易遗忘；（3）遗忘的进程不均衡，有先快后慢的特点；（4）前摄抑制与倒摄抑制对遗忘有重要影响；（5）遗忘还受动机和情绪的影响。

信息保持的策略：（1）重视复述；（2）有限过度学习；（3）巧用复习：①及时复习；②晨起临睡勤复习；③分散复习；④试背律；⑤"过电影"。

回忆的策略：（1）联想追忆；（2）推理促进；（3）再认助忆。

减少有用知识的遗忘，提高知识巩固效果的主要策略：1.帮助学生具备巩固知识的基本条件：（1）头脑清醒，无疲劳感；（2）要有强烈的记忆意识；（3）对自己的记忆力充满自信；（4）选择适合自己的记忆方法；（5）保持经常性的身心健康。2.运用识记规律，努力提高学生巩固知识的效果：（1）重用有意识记，发挥无意识记的作用；（2）意义识记为主，机械识记为辅；（3）多通道协同识记，优化组合，发挥综合效应；（4）综合运用多种识记方法；（5）采用形象记忆法，突破抽象内容的识记；（6）识记时增加操作活动；（7）灵活采用"记忆术"：①定位记忆法。②数字简易记忆法。③串连记忆法。④形象控制法。⑤历史事件与年代记忆法。3.正确组织与指导学生的复习：（1）有科学的复习计划；（2）应趁热打铁，及时复习；（3）善于利用最佳的时间进行复习；（4）内容交错复习；（5）反复阅读与试图回忆相结合；（6）适当的过度学习；（7）编写提纲，划分层次；（8）复习方法要多样化。4.培养自我检查的能力与习惯，注意正确地再认与回忆。

第二节　记忆力训练的策略（上）

有人说过："如果一个人没有记忆，那他将永远处在新生儿状态。"记忆在我们的生活和学习中有着极其重要的意义。古今中外有许多名人是记忆高手，如：著名作家茅盾能背《红楼梦》，著名桥梁专家茅以升八十多岁时，仍能背诵圆周率小数点后一百多位而无差错。这些名家超人的记忆力多令人羡慕呀！

同学们，你是不是也在想，要是我也过目不忘，背啥能记住啥那该多好哇！那样一来，语文的听写和背诵立马就能搞定，《自然》《思想品德》也一遍两遍立刻"OK"，那样的话就有许多时间做自己想做的事，玩自己想玩的游戏。然而，事实却远非如此，六（2）班的赵燕就是一个典型的例子，平时总抱怨自己记不住学习内容，一问她语文课文，数学定理，她的头摇得像个拨浪鼓，"我记不住，我天生记忆力不好"，但对世界几百位著名影视明星，却能如数家珍，说得头头是道，如明星们的爱好、血型、星座、身高、体重……她都能倒背如流。同学们，显然赵燕的问题不在于记忆力本身，而是在于学习态度及记忆方法。只有形成了正确的学习态度，加上良好的记忆方法，才能不断提高记忆能力，收到良好的记忆效果。

这天，爸爸给她买了一个电脑软件"记忆之门"，让她在电脑上玩玩。一开始赵燕不以为然，以为爸爸是变着法让她记东西，可是不一会儿，显示器上跳出一个机灵可爱、滑稽可笑的小鬼，跳来跳去，嘴里叫着"我是记忆小鬼，你来抓我呀！"这可激起了赵燕的兴趣，她按了一下回车，显示器上出现了一本出土古书，书名叫《抓鬼真经》。打开第一页，小鬼说："要抓住我，首先想抓，现在请对你自己说'我一定要记住它'"。赵燕照着做了，果真抓住了小鬼的一只手，书就翻到了第二页。少了一只手的小鬼不高兴地说："真讨厌！要想真正抓住我可没那么容易，我得看你有没有信心"，显示器上出现了选择题：A."我记不住，我真的记不住"，B."我一定要把它记住"。赵燕选了B，马上顺利过关，抓住了小鬼的另一只手。书紧接着翻到第三页，缺了两只手的记忆小鬼愤怒地说："别高兴得太早"，转身就跑，赵燕马上用鼠标跟上，这小鬼可真坏，带着赵燕一会进黑森林，一会上悬崖，不是下火海，就是上刀山……赵燕没有被它吓住，终于抓住了小鬼的一只脚，小鬼才不跑了。书翻到了第四页，记忆小鬼成了独脚怪物，它哭丧着脸说："你能说出前面抓鬼经验，才算是真正抓到我。"赵燕想：这有什么难的。于是在电脑上打上：（一）要想"抓"，即要想记；（二）要有信心，即相信自己能记住；（三）要不怕困难；（四）要及时复习。书又翻了一页，没了手脚的记忆小鬼变成了十字路，有四条路标，第一条写着：一遍一遍地读，直到背得下来；第二条写着：只读不背；第三条写着：一开始就背；第四条写着：先读后背，读背结合。赵燕毫不犹豫地选择了最后一条路，记忆小鬼的脑袋被抓住了，电脑上吹响了胜利的小喇叭，记忆小鬼说："你赢了，送你一件宝物吧！"书翻到了最后一页"记忆宝典"，赵燕迫不及待地读了起来：

● 联想法。把要记忆的内容与事物形象结合起来。如要记住电话号码51617181，则可联想为"五一（劳动节）、六一（儿童节）、七一（建党节）、八一（建军节）"。

● 谐音法。利用汉字读音，把学习内容转化为形象的词句来记忆。如要记住圆周率（π）＝3.14159…可以记成"山顶一寺一壶酒……"。

● 归类记忆法。根据记忆材料的性质，分为不同的组来记忆。如要记住以下材料：单车、桌子、衣服、板凳、汽车、苹果、鞋子、鸭梨、火车、帽子、桃子、衣柜等，同学们可以按照交通工具、家具、服装、水果归类记忆。

● 口诀记忆法。把要记忆的材料编成口诀。如记忆"买"和"卖"，可以编成口诀"少了就买，多了就卖"。

● 形象记忆法。把记忆材料与生动或奇特形象相结合。如马克思1883年逝世，可记成"马克思沿着陡峭的山路，一爬就爬上了山"。

赵燕如获至宝，不无感慨地说："其实记忆并不难，我已找到开启记忆之门的钥匙喽！"

活动 3.1

活动项目：联想法记忆。

活动目标：提高记忆的敏捷性、持久性、准确性、准备性。

活动材料：单词表。

杂志 鲸鱼 老虎 衣服 手表 面包 单车 桃树 皮夹 轮船 导弹 针鼹 啤酒 汽车 电线 飞机 大雁 炮弹 电脑 军舰 报纸 空调 藏獒 卫星

活动要求：请用联想法练习记忆上面的词。（5 分钟）

活动过程：实际自我练习。

学习提示：注意记忆的敏捷性、持久性、准确性、准备性要求。

活动 3.2

活动项目：数字记忆。

活动目标：提高记忆的敏捷性、持久性、准确性、准备性。

活动材料：根据写出数字的多少，测试你记忆力的强弱。

73	49	64	83	41	27	62	29	38	93	74	97
57	29	32	47	94	86	14	67	75	28	79	24
36	46	73	29	87	28	43	62	76	59	93	67

活动要求：上面有三行数字，每行 12 个。你可以任选一行，在一分钟内读完，然后把记住的数字默写出来（可以不按顺序）。（1 分钟）

活动过程：实际自我测试。

学习提示：注意记忆的敏捷性、持久性、准确性、准备性要求。

评价表

默写出的数字	记忆力
10～12	极优
8～9	优
4～7	一般
0～3	较差

第三节　记忆力训练的策略（下）

拿破仑说过："没有记忆力的脑袋，等于没有警卫的要塞。"每个人都希望自己有出色的记忆力，这是学习获得成功的前提条件。同样每位同学都希望有较强的记忆力，但大多数同学对自己的记忆力并不十分满意。常听到初中生抱怨：小学里自己脑袋瓜很好使，虽还说不上过目不忘，但也很容易就能记住所学内容，

42

至今印象深刻。怎么进初中后，感到记忆力减弱了许多，脑袋也越来越木，而且随着学习任务的不断加重，难度不断提高，这种现象日益突出，在同学们的思想中产生了似乎什么都记不住的错觉。

心理学的研究表明，人的记忆并不能像摄像机那样完美无缺地复制学过的内容，而是有记就有忘，记忆和遗忘简直就像是一对孪生兄弟。其实在你记忆学习之初遗忘就开始了，并且在遗忘的速度上表现出一开始快而后慢的特点。因此，初中生的记忆并非"王小二过年，一年不如一年"，主要是我们只盯住"忘了多少"，而没有去想想我们"记住了多少"的认识偏差所致。这种认识偏差不但会削弱我们的学习信心，还会加重学习的心理负担，引起不必要的紧张和焦虑，无疑会打击同学们的学习积极性。

怎样才能使记忆经济、有效、实用，尽量减少有用知识的遗忘呢？

● 正确认识记忆与遗忘的关系。记忆与遗忘是矛盾的两个方面，此涨彼消，记住的多忘掉的固然就会少些，记住的少忘的当然就会多些。知道了这一关系，我们就要促进记忆向着记得多忘得少的方向积极转化，阻止有用知识的急速遗忘。我们要根据遗忘"先快后慢"的规律，及时复习。孔子早在两千多年前就提出了"学而时习之"的思想。根据不同学科的特点交叉复习；根据学习内容数量的不同进行分散与集中相结合的复习。

● 要保持愉快的心境，建立记忆的信心。在记忆学习材料前一定要使心情宁静，防止忧虑、焦躁不安等不良情绪滋生。要在心里不断地告诫自己："你一定能记住"，具有强烈的记忆意识，树立信心，在轻松愉快的气氛中进行学习记忆。

● 要注意用脑卫生。俗话说："刀不磨会生锈，脑不用要落后。"一般来说，脑子越用越灵，记忆越练越强。但用脑要讲究卫生，最重要的就是要劳逸结合，在一段学习活动之后，适当地休息一下，如散步、做操等。另外，学习活动多样化，交替进行，也是用脑卫生的重要原则。

● 采用多种记忆方法。如归类记忆法、编字头歌法、口诀记忆方法、形象记忆法等。例如：记忆"电视、大米、西服、尺子、棉袄、面包、点心、橡皮、风扇、冰箱、铅笔、黄豆、短裙、书包、鞋子、音响、面粉、空调、帽子、毛笔"用归类法就容易得多，按家电、服装、文具、食物归类来记忆。又如：把记忆材料归纳为新闻采访的要素"何时（When）、何地（Where）、何人（Who）、何故（Why）、什么（What）、怎么样（How）"（也称"5W1H"法），这样记忆就方便得多。再如：记全国各省市自治区的名称，可以采用口诀法记忆："两湖两广两河山，四江云贵福吉安，川西二宁青甘陕，海疆内台北上天，共庆港澳回归日。"再如用字头编诗记《东周列国志》《西游记》《三国演义》《水浒传》《桃花扇》《红楼梦》《官场现形记》《儒林外史》《金瓶梅》《喻世明言》《警世通言》

《醒世恒言》《初刻拍案惊奇》《二刻拍案惊奇》《今古奇观》《聊斋志异》《史记》《西厢记》《镜花缘》等十九部历史名著，你可以记作"东西三水桃花红，官场儒林爱金瓶。三言二拍赞古今，聊斋史书西厢镜"。如记忆商鞅变法的时间：前359年，采用形象法可以这样记："商鞅变法前为了壮胆，喝下三壶酒。"等等。

活动 3.3

活动项目：口诀记忆。

活动目标：提高记忆的敏捷性、持久性、准确性、准备性。

活动材料：编记忆口诀歌。

中国古代人民发挥自己的聪明才智，总结了丰富的实践经验，采用口诀记忆法，编出朗朗上口、实用易记的农历二十四节气歌："春雨惊春清谷天，夏满芒夏二暑连。秋处露秋寒霜降，冬雪雪冬小大寒。上半年为六、二十一，下半年为八、二十三。每月两节不变更，最多相差一两天。"你读了它有何感想？请采用口诀记忆法，对中国 56 个民族进行归纳记忆，编成相应的口诀歌。

(1) 你的感想：_____

_____

_____

_____。

(2) 自编口诀歌：_____

_____

_____

_____。

活动要求：请采用口诀记忆法，对学过的学科知识，进行归纳记忆，编成相应的口诀歌。（10 分钟）

活动过程：实际自我练习。

学习提示：注意记忆的联想性要求。

本章要点

- 记忆从反映论的观点来看是指过去经验在人脑中反映的心理过程。从信息加工的观点来看记忆是指对输入信息的编码、贮存和提取的过程。

- 记忆品质是衡量一个人记忆力好坏的重要指标，是指记忆表现在速度、效率、牢固、精确、应用性等方面的特性。

- 记忆的敏捷性是指记忆在速度和效率上的品质。
- 记忆的持久性是指记忆在时间持续上具有的品质。
- 记忆的准确性是指所记住的事物精确无误的品质。
- 记忆的准备性是指善于根据当前的要求把需要的事物从记忆中准确迅速地提取出来的品质。
- 记忆术是指为那些没有意义而各不相关的项目人为的赋予意义与联系的识记方法。

思考与练习

1. 你的数字记忆如何？请在 40 秒内记住下面 20 个数字（连同序号一起），然后默写出来。序号与数字搭配正确才算正确，否则不算对。

（1）43（2）57（3）12（4）33（5）81（6）72（7）15（8）46（9）96（10）91（11）37（12）18（13）86（14）56（15）47（16）25（17）78（18）61（19）83（20）73

记忆效率＝（默写正确的数字个数÷20）×100％

评价表

记忆效率	数字记忆力
90％～100％	优
70％～90％	良
50％～70％	好
30％～50％	中
10％～30％	差
0～10％	劣

2. 测测自己的语词记忆力。

在 40 秒的时间内，记住以下 20 个词及其序号（只有序号与文字搭配正确的才算对，否则不算对），然后默写出来。

（1）黑人；（2）经济学；（3）粥；（4）文身；（5）神经元；（6）爱情；（7）军刀；（8）良心；（9）黏土；（10）字典；（11）油；（12）纸；（13）小蛋糕；（14）逻辑；（15）个人主义；（16）动词；（17）缺口；（18）逃兵；（19）蜡烛；（20）樱桃。

记忆效率＝（默写正确的词数÷20）×100％

记忆效率	数字记忆力
90%～100%	优
70%～90%	良
50%～70%	好
30%～50%	中
10%～30%	差
0～10%	劣

相关文献链接

● 燕国材. 智力因素与学习[M]. 北京:教育科学出版社,2002:第四章.
● 周文. 青少年智力开发与训练全书·记忆力开发与训练(上、下)[M]. 哈尔滨:黑龙江人民出版社,2001.

第 四 章

Chapter 4

青少年思维力的开发

本章学习结束时教师能够：

- 能举例说明思维的类型、品质和主要规律
- 能运用思维力测量技术对学生的思维力进行测评
- 能运用思维力的有关方法对思维力进行开发训练

第一节 思维的基本概念与原理

测验 4.1

抽象思维能力测试①

以下是18道测试题，请根据你的实际情况与真实想法回答。

1. 你说话富有条理吗？

    A. 是　　　　　　B. 不确定　　　　　　C. 否

2. 看完一篇文章，你通常能马上说出文章的主题吗？

    A. 是　　　　　　B. 不确定　　　　　　C. 否

3. 你写信时常常觉得不知如何表达吗？

    A. 是　　　　　　B. 不确定　　　　　　C. 否

4. 你经常能轻易地找到一些笑料使大家都笑起来吗？

    A. 是　　　　　　B. 不确定　　　　　　C. 否

5. 你对世界上很多事物及其活动规律看得比较透彻吗？

    A. 是　　　　　　B. 不确定　　　　　　C. 否

6. 你通常很轻松地弄清一篇文章的要点吗？

    A. 是　　　　　　B. 不确定　　　　　　C. 否

7. 当你告诉别人什么事情时，你常会有词不达意的感觉吗？

    A. 是　　　　　　B. 不确定　　　　　　C. 否

8. 当你发觉说错话时，是否窘得再也说不出话来？

    A. 是　　　　　　B. 不确定　　　　　　C. 否

9. 有人认为你说话常不着边际吗？

    A. 是　　　　　　B. 不确定　　　　　　C. 否

10. 你多次在电影和电视剧中发现过不合情理的情节吗？

    A. 是　　　　　　B. 不确定　　　　　　C. 否

11. 你在下棋、打扑克这些智力游戏中常取胜吗？

    A. 是　　　　　　B. 不确定　　　　　　C. 否

12. 你常不假思索地接受别人的意见吗？

    A. 是　　　　　　B. 不确定　　　　　　C. 否

13. 你善于分析问题吗？

    A. 是　　　　　　B. 不确定　　　　　　C. 否

14. 当你的同事或朋友有问题时是否会向你咨询？

① 易修平，马建青. IQ全测试[M]. 上海：世纪出版集团，汉语大词典出版社，2003：193-205.

A. 是　　　　　B. 不确定　　　　C. 否

15. 你觉得想问题是件很累的事吗？

A. 是　　　　　B. 不确定　　　　C. 否

16. 在朋友们面前发觉自己不小心做了不得体的事时，你是否能迅速给自己找一个台阶下（如开一句玩笑），以摆脱困境？

A. 是　　　　　B. 不确定　　　　C. 否

17. 你有时将问题倒过来考虑吗？

A. 是　　　　　B. 不确定　　　　C. 否

18. 你常与他人辩论吗？

A. 是　　　　　B. 不确定　　　　C. 否

19. 大多数情况下，你只要一看（小说或影视）故事的开头，就能准确地猜到结局如何吗？

A. 是　　　　　B. 不确定　　　　C. 否

20. 你的提议常被别人忽视或否定吗？

A. 是　　　　　B. 不确定　　　　C. 否

21. 在别人与你寒暄而尚未切入正题之前，你常常已大致猜到对方的意图吗？

A. 是　　　　　B. 不确定　　　　C. 否

22. 你爱看侦探小说或影视片吗？

A. 是　　　　　B. 不确定　　　　C. 否

记分：

题号＼答案	1	2	3	4	5	6	7	8	9	10	11	12	13	14	15	16	17	18	19	20	21	22	累计得分
A	2	2	0	2	2	2	0	0	0	2	2	0	2	0	2	2	2	2	2	2	0	2	
B	1	1	1	1	1	1	1	1	1	1	1	1	1	1	1	1	1	1	1	1	1	1	
C	0	0	2	0	0	0	2	2	2	0	0	2	0	2	0	0	0	0	0	0	2	0	

解释：

0～15 分：表明你的抽象思维能力较弱；

16～30 分：表明你的抽象思维能力一般；

31～44 分：表明你的抽象思维能力较强，有条理，善于抓住问题的关键。

核心概念与重要原理

思维是指人脑对客观事物的本质属性和内部规律性的概括和间接的反映。

直观行动思维又称为实践思维，是指在思维过程中借助知觉和实际动作操作为媒介的思维。

具体形象思维是指凭借事物的具体形象和表象的联想进行的思维活动。

抽象逻辑思维是指借助语言作为媒介，运用概念进行判断推理的思维。

集中思维是指把问题所提供的各种信息聚合起来，朝着同一个方向得出唯一的、确定的答案的思维。

发散思维是指从一个目标出发，沿着各种不同途径去思考，探求多种合乎问题要求的答案的思维。

常规性思维是指人们运用已获得的知识经验，按现成的方案和程序，用惯常的方法、固定的模式来解决问题的思维方式。

创造性思维是指以新异、独特的方式来解决问题的思维。即是以发散思维为核心的多种思维的综合表现。

分析是指在人脑中把事物或对象分解成各个部分或属性的思维过程。

综合是指在人脑中把事物或对象的个别部分与属性联合为一个整体的思维过程。

比较是指在人脑中把各种事物或现象加以对比，来确定它们之间异同点和关系的思维过程。

抽象是指人脑把各种对象或现象间共同的、本质的属性提取出来，并同非本质属性分离开来的思维过程。

概括是指人脑把抽象出来的事物的共同、本质的属性联合（综合）起来的思维过程。

系统化是指人脑把一般特征和本质特征相同的事物，分类并归纳到一定类别系统中去的思维过程。

具体化是指人脑把经过抽象、概括后的一般特征和规律同某一具体东西联系起来的思维过程。

概念是指人脑对客观事物共同的本质特性的反映的思维形式。

判断是指事物之间联系和关系在人头脑中的反映的思维形式，是反映概念与概念之间的联系。

推理是指由一个或几个相互联系的已知判断推出合乎逻辑的新判断的思维形式。

思维的广阔性是指善于全面地分析和思考问题，不遗漏问题的任何细节，善于把握事物各方面的联系和关系。

思维的深刻性是指善于透过纷繁复杂的表面现象发现问题的本质，能抓住事物的主要矛盾，正确认识与揭示事物的运动规律。

思维的独立性是指善于独立地发现问题、思考问题、解决问题，不依赖、不盲从、不武断、不孤行。

思维的批判性是指善于根据客观标准判断是非正误，善于冷静地考虑问题，不轻信、不迷信"权威"的意见，能有主见地分析评价事物，不易被偶然暗示所动摇。

　　思维的逻辑性是指思维活动严格遵循逻辑规律，能有步骤地对事实材料进行分析、综合、抽象、概括，思路明确，条理清楚，能依据已有的知识进行合乎逻辑的判断、推理，从而得到新的结论或思想。

　　思维的灵活性是指能根据客观条件的发展和变化，及时地改变先前拟定的计划、方案、方法，思路灵活不固执成见和习惯程序，随机应变，寻找新的解决问题的途径。

　　思维的敏捷性是指善于依据事实当机立断，思路清晰，迅速作出有效的反应，不优柔寡断，不轻率行事。

　　思维的创造性是指不因循守旧、勇于创新，不仅能够揭露事物的本质及内在联系，而且能在此基础上产生前所未有的思维成果。

　　解决问题是指由一定情境引起的，按照一定的目标，运用一系列的认知操作和技能，来解决某种疑难的过程。

　　解决问题的思维过程：提出问题（发现问题）、明确问题（分析问题）、提出假设、检验假设。

　　培养学生优良的思维品质：培养学生优良的思维品质，可以通过多种途径，采取多种方法。最基本的有两点：一是在日常教学中结合学科内容进行培养；二是通过课外的直接思维技能训练进行培养。（1）用辩证唯物主义观点来武装学生的头脑。（2）强调启发式的教学方法。（3）加强对学生进行言语训练。（4）运用心理定势作用。（5）培养学生解决实际问题的思维品质。

　　培养创造性思维的策略：（1）激发好奇心、求知欲。（2）丰富想象力。（3）重视集中思维和发散思维的培养。（4）鼓励直觉思维。（5）培养创造性的人格特征。

第二节　思维品质的训练

测验 4.2

思维力小测验[①]

　　下面一组测验题，要求在 25 分钟内独立完成，如不到 25 分钟就已做完，还可加分，它可以测验你思维品质的高低。

　　① 周文.青少年智力开发与训练全书·思维力开发与训练(上)[M].哈尔滨：黑龙江人民出版社，2001：87-93.

1. 将第二组方块中的哪一块放入第一组方块的空白里最合适？见图 4.1。

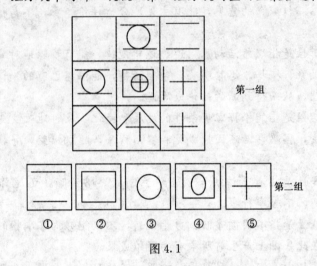

第一组

第二组

① ② ③ ④ ⑤

图 4.1

2. 房子的价格是 56000 元，纳税时以房价的 75% 计算，税率是每百元付 1.5 元。税额为：

①310 元　　③530 元　　③630 元　　④840 元　　⑤1080 元

3. 以下是三个方块，前两个中的四个数字是按一定规则排列的，请按同一规则在第三个方块的右下方填上适合的数字，见图 4.2。

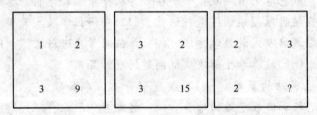

图 4.2

4. 下面的图形里有多少个四边形？见图 4.3。

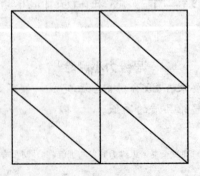

图 4.3

5. 用最少的数字组合成一百，每个数字只能用一次。

5　　17　　19　　37　　39　　46　　66

6. 下面一组图形是按一定的逻辑关系排列的，试想一想，紧接在图 6 后面的应是什么图形? 见图 4.4。

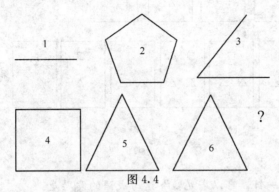

图 4.4

7. 在下面的一组词中哪一个意思不合群?

①电话　　②炉子　　③收音机　　④电报　　⑤电视

8. 你站在水泥地上，让鸡蛋从你手中掉落 1 米的距离而不破蛋壳，你能做得到吗?

9. 如果 M 高于 N 和 O，N 又高于 O 而低于 P，下面哪种说正确?

①M 不高于 O 和 P　　②O 高于 N　　③P 高于 O　　④O 高于 P

10. 下面一串珠子，最后一颗应该是什么样的? 见图 4.5。

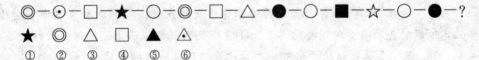

图 4.5

11. 有家服装商店有一套独特的办法定价，羊毛背心为 20 元，方格花呢裙为 25 元，尼龙运动衫为 25 元，丝领带为 15 元。那么，一个真丝府绸女衬衫要多少钱?

12. 以下字母串的下一个是什么?

BAD　　CEF　　DIG　　FOH　　?

13. 一位妇女买了一打橙子，两打苹果，她用了 6 个橙子榨汁，12 个苹果做饼馅，然后又去商店买了相当于所剩水果余数一半的苹果，请问她总共有多少个水果?

14. 在第二组的方块中，哪一个图案最适宜放在第一组的空格处？见图 4.6。

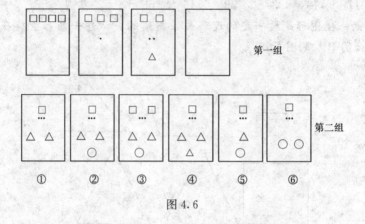

图 4.6

15. "及时缝一针，可以省九钱"这句成语的意思是：

①假如把工作及时处理掉，可以省掉许多麻烦。②缝纫时要做得谨慎。③衣服总会破，但不一定能缝补。④小问题今天解决，明天就不会变成大问题。⑤上述的意思都不合适。

16. 两个父亲和两个儿子买了 3 只鸡，每个人都带 1 只鸡回去，这可能吗？

17. 据调查，观看电视的体育节目，男的比女的多，因此可以下这样的结论：

①男的比女的懂体育。②男的对体育比女的内行。③男的和女的都懂体育，只不过男的花较多些时间去看罢了。④没有足够证据证明上述任何一项结论。

18. 图 4.7 第二组的方格哪一个最适宜接到第一组的最后一个之后？

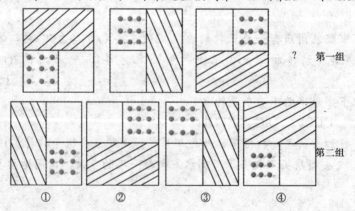

图 4.7

19. 下面哪一样同其他的最不同？

①行星　　②星座　　③太阳　　④月亮　　⑤星

20. 下星期我将去饭店吃饭，参观美术馆，到税务局去，去医院检查我的隐形眼镜。饭店逢星期三休息，美术馆只在星期一、三、五开放，税务局周末不办公，医院的眼科门诊时间是星期二、五、六。那我该在哪一天去把一切事情都办妥呢？

答案及说明：

1.③。第一组各行图案的组成方式是：中间方块图案减左边方块图案等于右边方块图案。

2.③。56000元×0.75×0.015＝630元

3.10。各方块中上方两个数相加再乘以左下方的数等于右下方的数。

4.23个。

5.17，37，46。

6. 任何四边形。图形的排列是两种系列的交错。单数图形的边数依次增一，第一个只是一条线，第三个有两条边，第五个是三角形（三条边）。双数的图形边数依次减一，第二个是五边形，第四个是正方形（四条边），第六个是三角形（三条边）。

7.②。其他的都是电信设备。

8. 从距离水泥地1.5米的高度松手，鸡蛋掉到1米时还没有着地，赶快用手接住。

9.③。

10.④。这串珠子的排列有这样的规律。每4粒珠子为一组，每组总是开头两粒是圆的，第三粒是方的，第4粒是带角的，可见要补上的一粒珠子一定是一粒方珠子。

11.35元。这家服装店是以字计价的，每一字为5元，"真丝府绸女衬衫"是7个字。

12.GUJ。每一个音节的第一个字母是顺序的辅音，第二字母是顺序的元音，第三个字母是从D开始顺序的辅音。

13.27。

14.②。每一个方块中的第一行小方格数量依次减一，第二方块引入一个新图形，随后依次增一。第三方块再引入一个新图形，如此类推。这样第四方块的第一行的小方格只剩下一个，第二行的黑点增到三个，第三行的三角形增至两个，同时又引入一个新图形。

15.④。

16. 可能。两个父亲和两个儿子是祖父、父亲和儿子。

17.④。所有结论的证据均不充足。

18.①。图案照顺时针方向，每次转90°。

19.②。其他都是单个物体，星座是群体。

20. 星期五。

评分解释：

每答对一题得1分，22～25分钟内完成加1分，18～21分钟内完成加2分，不到18分钟完成的加3分。

评价表

总分	0～13	14～15	16～17	18～23
思维品质	较差	一般	好	很好

阿凡提种金子

"阿凡提种金子"是一则新疆民间故事。说阿凡提得悉土司去打猎，便借来几两金子坐在路旁的沙滩上细细地筛。土司看得奇怪，便问他干什么？

"老爷，我在种金子。"

土司听了十分惊奇，又问他："种金子有收成吗？"

阿凡提说金子下土，只要一个星期，便可收获，一两金子可以收一斤。

利欲熏心的土司听后，便央求阿凡提同他合伙种金子，阿凡提很爽快地答应了。并商定二八开，土司八成，阿凡提二成。

第二天，阿凡提去土司府的金库拿了二斤金子，过了一星期，给土司送去十六斤金子。土司乐得合不拢嘴，立即把府里所有的金子都交给阿凡提去种，躺在摇椅上做发财的美梦。

阿凡提把金子全部分给穷苦百姓。过了一星期。他装着愁眉苦脸的样子去见土司，诉说一个星期未下一滴雨，金子全干死了，连种子也赔了。

土司气急败坏地骂阿凡提："你胡说，金子哪会干死？"

"你不信金子会干死，又怎么相信金子会生长呢？"

土司哑口难言，愤愤地半天说不出话来。

这则故事刻画了两个思维逻辑性相反的人物。阿凡提思维富有逻辑性，而土司的思维欠缺逻辑性。优良的思维品质包括思维的逻辑性、广阔性、深刻性、独立性、批判性、敏捷性、灵活性、创造性，其中思维的逻辑性是思维品质的中心环节。要提高思维能力，就必须培养优良的思维品质。

培养学生优良的思维品质，可以通过多种途径，采取多种方法。

• 在日常教学中结合学科内容进行培养。

• 通过课外的直接思维技能训练进行培养。(1)用辩证唯物主义观点来武装学生的头脑。（2）强调启发式的教学方法。（3）加强对学生进行言语训练。

（4）运用心理定势作用。（5）培养学生解决实际问题的思维品质。

● 掌握思维的形式与方法。在掌握一系列的科学概念之后，就能在此基础上掌握正确的判断，又在判断的基础上运用正确的推理。此外，还应当自觉地掌握思维的方法。

培养学生优良的思维品质，具体应从思维的逻辑性、广阔性、深刻性、独立性、批判性、敏捷性、灵活性、创造性上整体提高。

● 训练逻辑思维。养成遵循事物发展规律的顺序，有层次地、连贯地考虑问题，和明朗地、不左右摇摆地表达自己思想的习惯，"三思后行"。倘若发现自己在思考问题和表达思想方面出现偏向，或出现从一个思想跳到另一个思想的现象时，应加以克服纠正。

● 训练广阔思维。从多方面去寻找解决问题的办法，全面考虑，一题多解。

● 训练深刻思维。深入钻研去寻找解决问题的办法，力求甚解，不满足于一知半解，肯钻研。

● 训练独立思维。多问几个为什么，用自己的头脑去思考，寻求答案，决不盲从，决不迷信权威。

● 训练批判思维。要善于根据客观事实作出是非判断，不受偶然的暗示或影响而犹豫动摇，敢于坚持原则。

● 训练敏捷思维。要善于在很快的时间内看出问题的本质，抓住问题的关键，作出正确的判断和决定。

● 训练灵活思维。要善于从偏见与谬误中解脱出来，善于依据客观条件的发展变化，用发展的观点灵活应变。

● 训练创造思维。要敢想、敢说、敢做，善于从不同的角度考虑问题，透过现象看本质，从而得出符合问题要求的多种答案。

第三节　逻辑推理能力训练

测验 4.3

逻辑推理能力测试[①]

以下是一组推理能力测试题，请你按每道题的要求在规定时间内完成测试。注意记下你完成每道题用去的时间。（50 分钟）

1. 折纸辨色：此题所有步骤都在头脑里进行，不能用实物完成。（7 分钟）

取 5 张同样大小不同颜色的正方形纸叠在一起，从上到下的颜色依次为红、黄、绿、蓝、紫。把这些纸按图 B 一样折成对折，再按图 D 那样四折。图中的

① 易修平，马建青. IQ 全测试[M]. 上海：世纪出版集团，汉语大词典出版社，2003：187-192.

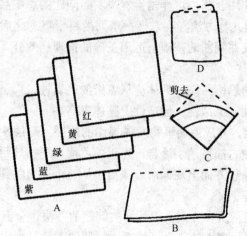

虚线表示折叠处。对折与四折时，保持紫色纸朝外。最后按图 C 所示，用剪刀剪成一条弧形。请你把这些重叠的弧形纸片从上到下的颜色依次说出来，并回答一共有多少张纸片。

2. 看图测变：请在头脑里进行判断，不能用类似实物测量。（5 分钟）

在下面的 9 种容器中，从上往下倒水时，哪些容器的盛水量随水面高度的变化关系有着图 A 和图 B 的曲线所示的特征？

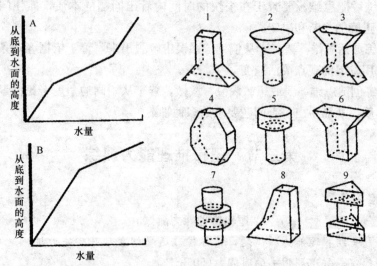

3. 四则运算：每道题中一个字母只能对应一个数字，且只限于已列出的数字。（7 分钟）

下面有四道简单的加减乘除四则运算题，但不同的是其中的数字是用字母来代替的。每道算题旁括号内都列有数字，请你用最快的速度找出这些字母分别所代表的数字。

青少年智力因素开发与非智力因素培养

(1) ABCDE×5＝BCFADC   ABCDEF＝?

    (0，1，2，4，5，8)

(2) ABCD－CEAD＝FEGE   A，B，C，D，E，F，G＝?

    (0，1，2，3，5，8，9)

(3) ABCBDB÷3＝BEBFG   A，B，C，D，E，F，G＝?

    (0，1，2，4，6，7，8)

(4) NVPV＋QPR＝SQTV   N，P，Q，R，S，T，V＝?

    (0，3，4，6，7，8，9)

4. 抓住特征：（5分钟）

请你先仔细观察下面的 A、B 两组图形，注意它们的特征。然后在下面 18 个图形下的括号内填入相对应的符号：如果图形的特征和 A 组中的某一个相似（不要求处处相同），就在括号中打"○"；如果与 B 组中的某个图形相似，在括号内打"×"。

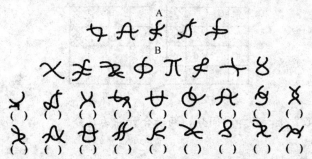

5. 解开密码：（12分钟）

以下有 8 组由 3 个英文字母组成的密码，其中 4 个密码表示了左侧的 4 组三位数字。编码时规定，一个字母不能表示两个以上的数字，两个字母不能表示同一个数字。请你在这 8 个密码中找出左侧 4 组三位数的代码。

571	WNX	RWQ
439	SXW	XNS
286	PST	NXY
837	QWN	TSX

6. 巧走方阵：（14分钟）

下面的 A、B、C 三个方块中，各分隔成 16 个格子。它们上面的若干个空格，已填有 a、b、c、d 这些字母。请你把其余的空格都填上字母，但最后必须符合以下几条规定。

(1) 在 16 个格子所填写的 16 个字母中，要求 a 为 4 个，b 为 3 个，c 为 3 个，d 为 3 个，e 为 3 个。

(2) 全部 16 个字母填好后，要求能找出这样一条路线，它从斜线格子 a 出发，经过网线格子 b，再通向左右侧或上下方的格子，但不能斜向进入另一格子。此路线经过 16 个方格时，每个格子只能进入一次，并要求此曲线从开始到结束依次通过的字母排列成 abcdeabcdeabcdea 的顺序。请先看一下例图 a，然后在 b、c 图中填入字母，并画出路线。

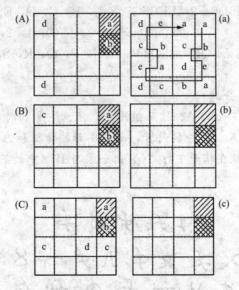

记分：

答对一题记 2 分，另加时间分，两者合计即为总分。

时间记分：

1 分：是在每题要求的时间以内答完加 1 分；

2 分：在每题要求时间 1/2 以内答完加 2 分；

3 分：在每题要求时间 1/3 以内答完加 3 分。

正确答案：

1. 从上至下一共 20 张纸片。在折叠时如果始终保持紫色纸朝外，那么，这 20 张纸片的颜色依次为：紫、蓝、绿、黄、红、红、黄、绿、蓝、紫、紫、蓝、绿、黄、红、红、黄、绿、蓝、紫。

2. 容器 7 的盛水量随水面高度的变化关系如图 A 的曲线所示；容器 5 的盛水量随水面高度变化对应图 B 所示的曲线。

3. 这些四则运算题中，字母与数字的对应关系如下：

(1) A＝2，B＝1，C＝0，D＝4，E＝8，F＝5。

(2) A＝5，B＝1，C＝3，D＝9，E＝0，F＝2，G＝8。

(3) A＝1，B＝4，C＝2，D＝0，E＝7，F＝6，G＝8。

(4) N＝3，P＝8，Q＝7，R＝0，S＝4，T＝6，V＝9。

4. A、B 两组图形虽然各种各样，互不相同，但仔细观察一下 A 组的五种图形，你会发现它们都是英文字母 A 的各种变形，抓住这个特征就能解开这道题了。所列 18 种图形与 A、B 两组图形的相似关系如下图所示：

5. 这 4 个密码与 4 个三位数字的对应关系为　571——RWQ，439——NXY，286——PST，837——SXW。

6. 按题目要求走出 B、C 两个方阵，其结果如下图所示：

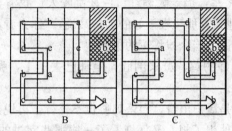

25～40 分：具有超常的逻辑推理能力。

13～24 分：逻辑推理能力较强。

7～12 分：逻辑推理能力一般。

1～6 分：逻辑推理能力较差。

● 逻辑推理能力问题训练

问题 1：熊的颜色

一个猎人在追捕一只熊，他向南追了 1 公里，向东追了 1 公里，向北追了 1 公里，却又回到了原来的出发点。

请问，猎人所追的那只熊是什么颜色的？

问题 2：不可告人的秘密

早春的一天，西方某国家有四人百般无聊地坐在公园的长椅上披露各自的秘密。

A 说："我有偷东西的恶习，幸好至今尚未被发现。"

B 说："我嗜好赌博，我已输光了准备用来交房租的钱，要是房东知道了，准会把我赶出去。"

C 说："我是个牧师，每天挪用教徒们的捐款买酒喝，要是让他们知道了，准会把我揍扁。"

D 说："我有一个不可救药的缺点，你们听了一定会害怕的。"

"不要紧，老兄，我们一定替你保密。"但是，当 D 自白后，A、B、C 果真大惊失色，后悔莫及。

你能猜出 D 的自白内容吗？

问题 3：张飞找鸡

刘备占了徐州，派张飞驻守在那里。

一天早上，张飞与护兵骑马在街上走过，见烧鸡店门前有一个老婆婆在哭，张飞心中非常不忍，便叫护兵去问情由。

原来老婆婆就住在附近。今天清早，她给自己的两只鸡喂饱了小米，放了出去，可是，鸡一直没回来。有人曾在烧鸡店门前看到过，猜想给店家提去杀了。

张飞听了，立刻下马来到烧鸡店。店主认为张飞是个武夫，没心眼，搪塞几句就行了，便说："将军，那老太婆红口白牙乱咬人！我清早宰杀的鸡是隔夜买来关在笼子里的。"他指着那一堆杀好的鸡，又说，"你去看，若能在里面找出她的鸡来，我甘愿在大街上当众挨将军的板子。"

张飞看看那些宰好的鸡，虽未剖肚，但都已去了毛，哪还认得出原来的模样，不由皱起了眉头。

然而，张飞毕竟是屠户出身，宰杀鸡鸭也不外行。再说，多年的征战，也已使他变得粗中有细。他想了想，又仔细看了一遍那些宰过的鸡，从中拎起两只，用匕首一挑，鸡嗉子里果然全是小米。

店主的脸一下变得刷白，忙下跪求饶。

张飞是怎样找出老婆婆的两只鸡的呢？

问题 4：马尾巴朝什么方向

小胖能吃能睡，爱玩爱闹，就是不爱动脑筋。在课堂上学了"清早起来，面向太阳，前面是东，后面是西，右手是南，左手是北"，可是下午怎么辨别东南西北，却不知道了。

爸爸妈妈常有意考他："你去学校是往哪个方向走呀？""咱家的阳台朝哪呀？"他总回答不出。见爸妈生气了，他干脆说："谁叫你们不买指南针，有了指南针，我就都知道了。"

后来，爸爸真的给他买了指南针，他高兴地带着去了学校，神气地对同学说："现在，无论问什么方向，都难不倒我！"

同学韩超听了说："真的吗？我问你一个问题怎么样？"

"只要是方向问题，随便你怎样问。"

"好！"韩超说开了，"关云长被曹操俘虏后，他每天牵着心爱的赤兔马去河边饮水。他去牵马时，马头朝东站在马厩里，来到东西向的河边，关云长面向西站着，马在他右边的河里喝水。你说，在马厩里，马尾巴朝哪儿？在河边喝水时，马尾巴又朝哪儿？"

"这又不难。"小胖拿着指南针比划了几下，回答说，"在马厩里，马的尾巴朝西；在河边，马的尾巴朝南。"

可是，韩超却哈哈大笑地说："不对！不对！"

小胖的回答为什么不对？

问题5：国王的死期

从前，有一个非常残暴的国王。

一天，他忽然想要知道自己在人世间还能享受多久，于是下令找来了看相的、占卜的和算命的，要他们预言自己的死期。

占卜的首先被叫到国王面前。

他讨好地对国王说："陛下是天下之尊，福大命大，一定是长命百岁！"

可是国王一听，却气得跳起来："胆大包天，竟敢说我只能活到一百岁！拉下去绞死。"

占卜的大叫饶命，可是国王不予理睬。

看相的被叫了上来，他吓得双腿发软，战战兢兢地说："陛下是天上的星，永远不会落！"

谁知国王还是大怒："胡说！昨天我还看到天上掉了一颗星下来呢！给我把他烧死！"

轮到算命的了。他不想说假话恭维暴君，也不愿白白送死，便胸有成竹、不慌不忙地说："陛下将死在一个盛大的节日里。"

国王一听，非常高兴。因为老百姓整天为生活发愁，根本就没有心思过什么节日。

于是，国王赏赐了算命的。

过不多久，国王真的被算命的说着了，死在一个盛大的节日里。

算命的为什么能说得那么准呢？

答案1：猎人从不同方向出发追熊，却又回到他原来的位置，这只能发生在北极，所以这只熊是白色的北极熊。

答案2："我不可救药的缺点是——嗜好告密。"

答案3：烧鸡店的鸡买来后没喂食，关了一晚，鸡嗉子是空的，而老婆婆的鸡早上喂过小米，鸡嗉子是饱满的。

答案4：方向有东、南、西、北、上、下六面，不管马头朝哪里，马尾巴总是朝下。

答案5：因为国王太残暴，老百姓恨死了他。他一死，老百姓都高兴地庆祝，那天就成了一个盛大的节日。

第四节　发散思维能力训练

古代有个"晏婴使楚"的故事，说的是齐国有个叫晏婴的人出访楚国。楚国的国王有意要羞辱他，就让手下人押着犯人从旁边通过。楚王问："哪国人？"手下人答："齐国人。"楚王又问："犯了什么罪？"手下人说："偷窃"。楚王便问晏婴："是不是你们齐国人喜欢做小偷小摸的事？"晏婴知道楚王有意侮辱，巧妙地答道："橘树生长在淮河以南叫做桔，生长在淮河以北的就变成枳（又名臭橘，果实小，果肉小而味酸），这是水土不同啊！齐国人在齐国不偷窃，到了楚国却偷窃，这是楚国的环境使他变成这样的！"你瞧，晏婴的思维是多么的灵活、敏捷，变被动为主动，巧妙化解了尴尬的困境。

肖颖是五（4）班的学生。爸爸妈妈给她取名"颖"，就是希望她聪颖过人，可是肖颖却苦恼极了。虽然她的学习成绩在班上属中上，老师讲的内容基本上都能弄懂，但总是比别人慢半拍。抢答数学题时，总是比别人晚一步；写作文也是构思时间长，下笔慢。一次自然课老师给大家出了一道题目："有一瓶软木塞瓶盖的饮料，在不拔出瓶塞，不打破瓶子的条件下，怎样才能喝到里面的饮料？"许多同学很快找到了答案，肖颖却百思不得其解。其实答案很简单，只需把瓶塞按进瓶里就可以了。肖颖为此很苦恼，是不是自己太笨了？怎样才能像其他同学一样才思敏捷呢？

其实，像肖颖这样的同学还有不少，怎样才能提高他们思维的灵活性和敏捷性呢？以下几种方法会有助你走出困境，摆脱烦恼。

● 摆脱习惯性思维。经常从不同角度，不同侧面去思考问题，跳出你原有的思维模式。现在同学们不是正时兴玩一种叫"脑筋急转弯"的游戏吗？这对培养你"思维"的灵活性很有帮助，你不妨多玩玩。

● 进行发散性思维的训练。平时多做"一题多解"、"一题多变"、"换角度思考"、"结果多向预测"、"多角度作文"的练习。

● 不断扩大知识储备。要经常对自己的知识作归纳、组织、重构，做到举一反三，触类旁通。

● 要养成勤于思考，反复思考的习惯。在平时学习中要讲速度、比效率，克服懒散拖沓的坏习惯，决不做不动脑筋的思想懒汉。

● 思维能力问题训练：

问题1：如何取用钱

一根绳子上穿着四个纪念币和一枚铜钱，这枚铜钱处在四个纪念币的中间。问题是要求你在不剪断绳子和不抽出纪念币的情况下只将铜钱取下来，你能做到吗？如果觉得问题很难，可以拿出一根绳子研究一下，可能会简单一些。

问题2：手指套环的变化

准备4根橡皮筋，把第1根套在食指和中指上（D橡皮筋），把第2根套在中指和无名指上（C橡皮筋），再把第3根套在无名指和小指上（B橡皮筋），最后把第4根套在食指和中指上（A橡皮筋）。

现在，不许摘下上面的A、B、C一共3根橡皮筋，也不准扯断橡皮筋，你可不可以把处在最下面的D橡皮筋套到无名指和小指上。

问题3：角上种什么花

姐妹俩想在花圃中种一些燕子花、郁金香和百合花。妈妈要求各个小格中都种上不同的品种，开花的时候，每种花都各不相邻。那么角上画着问号的地方应该种什么花呢？请你帮帮姐妹两个吧。

问题 4：如何用铅笔把圆环拆开

有三个圆环如图中所示紧紧地连接着，如果要用铅笔把这些圆环分开，应该怎样做呢？

问题 5：如何一笔画线

下图 A 中有 12 个小正方形，其中 4 个正方形都画有对角线。那么，你可以一笔画出这个图形吗？当然，你所画的线条即使不是笔直的，但只要画出这个图形的全貌，就可以算是成功了。

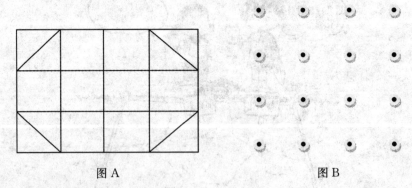

图 A   图 B

问题 6：如何连接点与线

上图 B 中是由 16 个圆点排列成的方阵，试着用 6 条直线把这些点全部连起来，同时，你必须一笔画出这 6 条直线。

答案 1：

1.先将绳子的两端系起来

2.把一边的纪念币挪到另一边

3.再将绳子解开，把铜钱取下来。

答案 2：你当然可以做到。像图中所示，把橡皮筋 D 扯长一点，使它越过你的 4 根手指绕到小指的一侧，不就做到了吗？

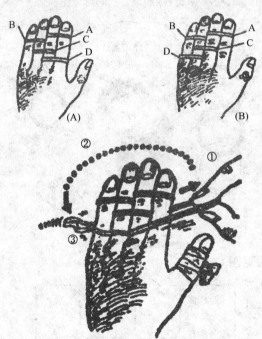

(A)

(B)

答案 3：正确答案是百合花。要使同一种在不相邻，隔一个种一种，就容易解决了。

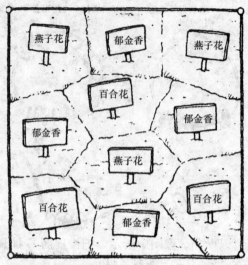

答案 4：把中间的圆环用铅笔涂黑。

答案 5：其画法见图 C。

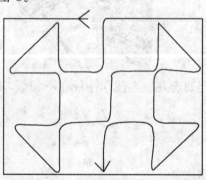

图 C

答案 6：连法如图 D。

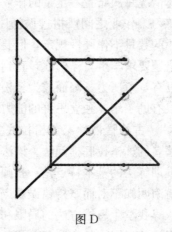

图 D

第五节　思维能力训练的一般方法

思维能力训练的方法多种多样，常用的一般方法有：[①]

● 样例学习法。样例学习法是通过对典型事例（又称范例或样例，包括典型事件、案例、活动等）的学习和操作来理解和掌握某种思维形式和方法的精神实质的一种方法。该方法要求对范例进行精细分析和深入解剖，抽象出解题的基本步骤和思维的主要环节，在学习和操作中体会解决问题的思路和技巧，提炼启发性原则，形成内在经验，并在解决其他问题的过程中巩固这些经验，最终掌握解决这些问题的技能。样例学习法不仅适合于程序性思维和精确性思维训练，而且也适合于非程序性思维和模糊思维、直觉思维、整体思维的训练。

● 模型训练法。这里的模型包括具体的物质模型（如象棋）和抽象的精神模型（如理论模型）。这些模型代表着、渗透着或凝聚着某些思维形式和方法。模型训练法就是通过寻找和选择具有典型意义的和可操作性的模型作思维训练的工具，进行相应的思维训练。比如，围棋和国际象棋（或中国象棋）就是两种具有普遍意义的思维模型。前者蕴涵着丰富的辩证思维、系统思维和整体思维精神，因而它是培养这些思维的有用模型。模型训练法有两点要求：一是模型应有代表性和可操作性。二是既要进得去，又要出得来，即要从模型上升到它所代表的思维形式和方法。

● 库曼教学法。这是一种适应性广、机动性很强的教学模式。该法有别于正规学校教学，以自学为主，每周学两次，每次不超过 30 分钟。该教学法的最主

---

① 周文.青少年智力开发与训练全书·思维力开发与训练(上)[M].哈尔滨:黑龙江人民出版社,2001:115-119.

要环节是教师按学生的具体情况每次布置一定量的作业，每道作业题都有例题在前，学生可以仿照例题做练习。作业之间严格遵循循序渐进的原则，由浅入深，逐步推进。教师对完成作业的数量不作硬性规定，但要求计时。每次作业老师都一一过目，但只标正误，错题要求学生自己修改，直到全部正确为止。由于在学习进度上可以自行安排、没有竞争压力，因而较为轻松活泼，而该法关于作业计时和自行改正错误的规定，有助于培养独立思维的能力。

● 苏格拉底的"产婆术"。古希腊哲学家苏格拉底为了培养青年人的批判性思维和辩证思维，创立了著名的苏格拉底提问法。该法至今仍然是思维训练的有效方法。苏格拉底式的思维训练法的基本特点是：教师不断对学生或受训者的假设和前提提出问题，教师扮演明知不对而坚持错误观点争论不休的人，并且努力探明学生观点的薄弱环节，寻找学生思维方法的局限和错误，然后引导学生自己认识和纠正这些错误，克服这些局限，补充这些薄弱环节。这种反向激发具有正向引导所没有的功能，它能有效提高学生的自我反省、自我批判、自我提问能力。

● 德波诺的柯尔特思维训练。英国思维学家德波诺创设了一个名为"柯尔特（CORT）思维教程"的思维训练法。该教程分为 6 个单元，每单元分 10 课，每单元讲一个共同的课题，比如广度、组织、交往、创造等等。每一课只着重注意一个领域，比如，"猜想"、"决断"和"界说问题"等。该法把思维的各个侧面，尤其是重要的思维运演活动具体化为一些明明白白的思维工具。然后，每一课以一种思维工具为基础进行专门的训练。下面是德波诺用于思维训练的一些方法：（1）PMI 法。此法用于训练用 PMI 的方式思考问题或观察一件事情的三个方面：有利因素（用 P 表示）、不利因素（用 M 表示）和有趣因素（用 I 表示）。目的是要避免匆忙做出判断。（2）CAF 法。此法要求思维者考虑所要的相关因素。目的在于训练尽可能全面广阔地进行探索。（3）C&S 法。此法要求思维者考虑各种后果。目的在于训练人们把注意力集中于结果上。（4）APC 法。此法用于训练寻找替代方案、更多的可能性和更多的选择。它鼓励受训者考虑决策过程中的多种选择或者思考说明过程中的多种说明，以免把第一条途径当做唯一的途径。（5）OPV 法。此法用于训练考虑别人的意见。（6）ADI 法。此法要求受训者在一个有矛盾冲突的情景中注意思维取向，要求受训者先看着冲突的双方协调不一致的地方有哪些；然后再看看不协调一致的地方有哪些；最后再看看争论中不相关的地方有哪些。（7）观鸟法。又称注意目标取向法。此法要求有以下 6 个步骤：①找出一定的模式，并从中了解思维的某些特征。②努力寻找不同的思维模式和思维类别。③使受训者明白无误地注意思维过程。④使受训者识别特定的思维类型并采取相应的行动。⑤使受训者能识别自己的思维模式，并学会避免那些应当避免的思维模式。⑥此法最低限度应使受训者能客观地观察思维过程，并把思维过程和思维内容区别开来。

本章要点

- 思维是指人脑对客观事物的本质属性和内部规律性的概括和间接的反映。
- 思维的深刻性是指善于透过纷繁复杂的表面现象发现问题的本质，能抓住事物的主要矛盾，正确认识与揭示事物的运动规律。
- 思维的独立性是指善于独立地发现问题、思考问题、解决问题，不依赖、不盲从、不武断、不孤行。
- 思维的批判性是指善于根据客观标准判断是非正误，善于冷静地考虑问题，不轻信、不迷信"权威"的意见，能有主见地分析评价事物，不易被偶然暗示所动摇。
- 思维的逻辑性是指思维活动严格遵循逻辑规律，能有步骤地对事实材料进行分析、综合、抽象、概括，思路明确，条理清楚，能依据已有的知识进行合乎逻辑的判断、推理，从而得到新的结论或思想。
- 思维的灵活性是指能根据客观条件的发展和变化，及时地改变先前拟定的计划、方案、方法，思路灵活不固执成见和习惯程序，随机应变，寻找新的解决问题的途径。
- 思维的敏捷性是指善于依据事实当机立断，思路清晰，迅速作出有效的反应，不优柔寡断，不轻率行事。
- 思维的创造性是指不因循守旧、勇于创新，不仅能够揭露事物的本质及内在联系，而且能在此基础上产生前所未有的思维成果。

思考与练习

活动项目：

1. 逻辑分析能力测试①

下面这一组题，每道题后都有一个或若干个结论，假设这些题的说法是对的，那么结论是对是错呢？做出你自己的判断。（时间 20 分钟）

1. 狗是动物，狗有腿，因此，所有动物都有腿。

A. 是   B. 否

2. 我的朋友还未到参加选举的年龄，我的朋友有着漂亮的头发，所以，我的朋友是个未满 21 岁的姑娘。

A. 是   B. 否

3. 这条街上的商店几乎都没有广告灯，但这些商店都有遮蓬。所以：

① 易修平,马建青. IQ 全测试[M].上海:世纪出版集团,汉语大词典出版社,2003:183-186.

A. 有些商店没有广告灯或遮蓬

B. 有些商店既有遮蓬又有广告灯

4. 所有的甲都有四条腿，这个乙有四条腿，所以，这个乙与甲是一样的。

A. 是　　　　　　　　　　　B. 否

5. 白菜比西红柿便宜，我的钱不够买两斤白菜。所以：

A. 我的钱不够买一斤西红柿

B. 我的钱可能够买一斤西红柿

6. 甲是和乙一样出色的篮球运动员。乙是个比大多数人都要出色的球员。所以：

A. 甲应是这些球员中最出色的

B. 甲是一个比大多数人都要出色的球员

7. 许多高水平的画家创作现代抽象画，要成为高水平的画家就得练习古典绘画。所以，创作古典绘画比创作现代抽象画需要更多的练习时间。

A. 是　　　　　　　　　　　B. 否

8. 如果孩子被宠坏了，打他会使他逆反；如果孩子没有被宠坏，打他会使你懊悔；但你的孩子要么是被宠坏了，要么是没有被宠坏。所以：

A. 打孩子要么使你懊悔，要么使他逆反

B. 打孩子也许对他没什么好处

9. 菱形是有角的图形。这个图形没有角，所以：

A. 这个图形是个圆

B. 无确切的结论

10. 甲城在乙城和丙城的东北，乙城在丙城的西南，所以：

A. 丙城比乙城更靠近甲城

B. 丙城离甲城更近，离乙城更远

11. 绿色深时，红色就浅；黄色浅时，蓝色就适中；但是要么绿色深要么黄色浅，所以：

A. 黄色和红色都浅

B. 红色浅，或者蓝色适中

12. 你正在开车，如果你突然停车，那么跟在后面的一辆车将撞上你的车，如果你不这么做，你将撞倒一个过马路的小孩，所以：

A. 后面那辆车车速太快

B. 你要么被后面那辆车撞上，要么撞到那个小孩

13. 你住在朋友的农场和城市之间的那个地方，朋友的农场位于城市和机场之间，所以：

A. 朋友的农场到你住处的距离比到机场要近

B. 你的住处到朋友的农场的距离比到机场要近

14. 高明的赌徒只有在形势对他有利时才下赌注,老练的赌徒只在他有利可图时才下赌注。这个赌徒有时会下赌注,所以:

A. 他要不是个老练的赌徒,就是个高明的赌徒

B. 他可能不是老练的赌徒,也不是高明的赌徒

15. 当乙等于 Y 时,甲等于 Z,当甲不等于 Z 时,丙要么等于 Y,要么等于 Z,所以:

A. 当乙等于 Y 时,丙既不等于 Y 也不等于 Z

B. 当甲等于 Z 时,Y 或者 Z 等于丙

16. 当甲大于乙时,丙小于乙;但是乙不会大于甲,所以:

A. 丙不会大于甲

B. 丙不会小于乙

17. 只要甲等于红色,乙就一定等于绿色;只要乙不等于绿色,丙就一定等于蓝色。但是,当甲等于红色时,丙绝不会等于蓝色,所以:

A. 只要丙等于蓝色,乙就不可能是绿色

B. 只要甲不等于红色,丙就可能不是蓝色

18. 有时华人是美国人的律师,美国人有时是律师,所以:

A. 有时华人不见得一定是美国人的律师

B. 华人不可能是美国人的律师

19. 前进死得光荣,但是后退没死也是耻辱,所以:

A. 后退死得不光荣

B. 前进不死就耻辱

20. 甲排士兵向敌军进攻时被消灭了,也许甲排有一个叫张三的士兵在战地医院身体康复了。所以:

A. 甲排的其他人都被消灭了

B. 甲排的所有人未必都被消灭了

记分:

题号 / 答案	1	2	3	4	5	6	7	8	9	10	11	12	13	14	15	16	17	18	19	20	累计得分
A	0	0	0	0	0	0	0	0	1	0	1	0	0	0	0	0	0	1	1	1	
B	1	1	1	1	1	1	1	1	0	1	0	1	1	1	1	1	1	0	0	0	

解释:

20 分满分:表明你的逻辑分析能力强;

17~18 分：表明你的逻辑分析能力中等；

16 分以下：表明你的逻辑分析能力较差。

2. 逆向思维训练

请你用逆向思维法得出以下问题的正确答案。

据说唐代大诗人李白有饮酒作诗的癖好，故有"李白斗酒诗百篇"的美誉。后人以他的癖好编了一道算术题："李白闲来街上走，提壶去买酒。见店加一倍，见花喝一斗。三遇店和花，喝光壶中酒，请问李白壶中原有多少酒？"

相关文献链接

● 燕国材. 智力因素与学习[M]. 北京：教育科学出版社，2002：第六章.

● 周文. 青少年智力开发与训练全书·思维力开发与训练（上、下）[M]. 哈尔滨：黑龙江人民出版社，2001.

第 五 章

青少年想象力的开发

本章学习结束时教师能够：

◐ 能举例说明想象的类型及其主要规律

◐ 能运用想象力测量技术对学生的想象力进行测评

◐ 能运用想象力的有关方法对想象力进行开发训练

第一节 想象的基本概念与原理

测验 5.1

想象力小测验①

请如实回答下列想象力自测题目，将选择的答案（A），（B）或（C）记在纸上，然后计算自己的分数，根据所得分数查阅答案。

1. 你是否经常给同学或家长讲故事。

A. 经常。 （　　）

B. 有时。 （　　）

C. 从不。 （　　）

2. 你在复述别人讲过的故事时，

A. 能一丝不差地讲出来，但偶尔会重新加工。 （　　）

B. 经常会重新加工。 （　　）

C. 自由发挥。 （　　）

3. 受到批评时，

A. 你觉得批评得合理，正当。 （　　）

B. 你完全拒绝批评。 （　　）

C. 你觉得自己做的事总是不对的。 （　　）

4. 如果晚上你独自在家，又停电了，

A. 你觉得害怕。 （　　）

B. 你觉得不烦恼。 （　　）

C. 有点怕，但还能应付。 （　　）

5. 看过漫画后，你会

A. 逻辑很强地把漫画内容完整地讲出来。 （　　）

B. 不知道画了些什么。 （　　）

C. 要看看漫画，才能讲故事。 （　　）

6. 你可以用语言或图画描述出从没有见过的东西。

A. 完全可以。 （　　）

B. 有时可以。 （　　）

C. 从来不行。 （　　）

7. 听同学或大人讲鬼神的故事时，

A. 故事使你发笑。 （　　）

① 周文.青少年智力开发与训练全书·想象力开发与训练(上)[M].哈尔滨:黑龙江人民出版社,2001：108-113.

B. 感到毛骨悚然。 （　）

C. 对超自然的事情感兴趣。 （　）

8. 你不得不撒一个不怀恶意的谎时，

A. 总是慌乱，结果让人听出你在说谎。 （　）

B. 编造得太详细，令人怀疑。 （　）

C. 谎言恰到好处，令人信服。 （　）

9. 你爱幻想吗？

A. 经常。 （　）

B. 有时。 （　）

C. 很少。 （　）

10. 你经常向爸爸妈妈问的问题是：

A. 很奇特的问题。 （　）

B. 常见的事物。 （　）

C. 没什么可问的。 （　）

11. 画画时，你——

A. 喜欢画一些从未见过的东西。 （　）

B. 只画现实看得见的东西。 （　）

C. 不喜欢画画，画不出什么。 （　）

12. 要求你根据老师的描述绘画时，

A. 你经常能准确画出这样东西。 （　）

B. 偶然能准确画出。 （　）

C. 从来没画出过。 （　）

13. 你喜欢听的故事是——

A. 生活中发生的故事。 （　）

B. 童话或科幻故事。 （　）

C. 小说。 （　）

14. 你幻想的时候，

A. 能虚构出大量详细而复杂的情节。 （　）

B. 只能模糊地想出一些合乎需要的情节。 （　）

C. 偶尔能把细节安插进去。 （　）

15. 你能在想象中与人交谈吗？

A. 只有在辩论后才能。 （　）

B. 不能。 （　）

C. 经常这样。 （　）

16. 同学给你讲了一个他幻想的故事，你会——

A. 完全进入他的幻想。 （　）

B. 告诉他这是假的，不真实。 （　　）

C. 只是宽容地微笑一下。 （　　）

17. 你能应用所学知识设想一种有实用价值的发明吗？

    A. 经常这样。 （　　）

    B. 有时可以。 （　　）

    C. 从来没有。 （　　）

18. 在听完童话故事后，

    A. 你能画出故事中人物的卡通形象。 （　　）

    B. 画出的形象不完整。 （　　）

    C. 从来画不出。 （　　）

19. 当你心里想着一首你喜欢的歌曲时，

    A. 你能断断续续听到一些。 （　　）

    B. 你能完全清楚地听到这首歌。 （　　）

    C. 你得小声唱才能想起来。 （　　）

20. 刚认识一个新朋友时，

    A. 一见面，你认为对方是理想的。 （　　）

    B. 你想使新朋友进一步理想化。 （　　）

    C. 你看得出实际上新朋友很漂亮。 （　　）

想象力测验 5.1 记分：

1. A5　B3　C1；2. A1　B3　C5；3. A3　B1　C5；4. A5　B1　C3；5. A5 B1　C3；6. A5　B3　C1；7. A1　B5　C3；8. A1　B3　C5；9. A5　B3　C1； 10. A5　B3　C1；11. A5　B3　C1；12. A5　B3　C1；13. A1　B5　C3；14. A5 B3　C1；15. A3　B1　C5；16. A5　B1　C3；17. A5　B3　C1；18. A5　B3 C1；19. A3　B5　C1；20. A5　B3　C1。

想象力测验 5.1 评价：

总分在 20～100 分之间。总分越高，想象力就越强。

分析：

1. 得 20～40 分。

你的想象力一点也不丰富，很难进入想象的境界。你可能很注重实际，很现实，不喜欢幻想。在学习方面，你害怕写作文，即使写你很熟悉的东西，也不知道该写什么，语文考试也常拿不了高分。

你应该尽力丰富自己的想象力。要在生活中对事物保持一种好奇心。好奇，就乐于去想象。还要扩大阅读视野，多读童话、故事、幽默漫画等想象力丰富的书籍，这是培养想象力的最好的学校，还能陶冶自己的高尚情操。另外，你还要多参加各种实践活动，多进行形象思维训练，多接触大自然，从中吸取灵感。

2. 得 41~60 分。

你具有一定的想象能力，但不太喜欢想象，只要有可能，你总是尽力消除幻想。在生活和学习中，你十分冷静，讲究实际，较少变通，处理具体问题时，应变办法不多，较难享受到想象带给你的益处。因此，除了对事物保持好奇心，多读文学作品外，你还应该学会独立思考，进一步丰富自己的想象力。

3. 得 61~80 分。

你具有想象力，经常可以设身处地站在不同的立场考虑问题，遇到困难时，能想出许多解决办法，享受到丰富想象带来的好处。但由于目前所学文化知识不多，见识也不够广，你的想象力还有些局限。因此你要打下扎实的文化基础，扩大知识面，增长见识。见多识广，想象力才会更加丰富。随着知识的增加，见闻的扩大，你的想象力会进一步丰富。

4. 得 81 分以上。

你有很强的想象力。丰富的想象，使你拥有一个非常丰富的内心世界，这可能令你具有较高的艺术天赋，每当设法利用自己的想象能力时，便产生一系列丰富的想象。你应当充分发挥自己这方面的特长，努力学习文化知识，保持对事物的好奇心，继续读更多的文艺作品，争取使自己成为文学家、艺术家或设计师。

核心概念与重要原理

想象是指在刺激影响下，在头脑中把表象材料进行加工改造而形成新形象的心理过程。

有意想象是指自觉地提出想象任务，有预定目的、有意识的想象。

无意想象是指在刺激影响下，没有预定目的、不自觉的想象。

再造想象是指依照词语描述或图样、模型的示意，在头脑中形成相应的新形象的过程。

创造想象是指在刺激物的作用下，不依据现成的描述而独立地创造出新形象的过程。

幻想是指同生活愿望相结合并指向于未来的想象。幻想有积极与消极之分。

理想是指符合现实的发展规律，并指向行动，有实现可能性的积极幻想。

空想是指完全脱离现实的发展规律，毫无实现可能的消极幻想。脱离实际虚无缥缈的空想往往会把人引向歧途，放弃现实努力。

培养学生的想象力的策略：(1) 引导学生学会观察，获得感性经验，不断丰富学生的表象。(2) 引导学生积极思考、打开想象力的大门。(3) 引导学生努力学习科学文化知识，发展学生的空间想象能力。(4) 引导学生积极参加科技、文艺、体育活动，不断丰富学生的生活，增加经验积累。(5) 培养学生大胆幻想和善于幻想的能力。

第二节　想象能力的开发训练

一个宁静的夏夜，莱特兄弟在大树下玩耍。这时，一轮皎洁的明月爬上了树梢。月亮清亮优美的身姿深深地吸引了莱特兄弟。他们幻想着爬到树的顶端，摘下这轮明月。结果，不但没有摘到月亮，反而把衣服划破了。

"如果有一只大鸟，让我们骑在它身上，带着我们飞上天空去摘月亮，那该有多好!"

两兄弟想象着如何摘取月亮，越想越兴奋。从此，他们废寝忘食，每天苦思冥想，不断地在脑子里构思这只大鸟的样子。终于在 1903 年根据鸟类和风筝的飞行原理，成功地制造出人类历史上第一架用内燃机做动力的飞机。莱特兄弟"骑着大鸟飞上天"的幻想实现了。

这就是想象的创造力!

想象是加工改造脑子里已经存在的各种形象，然后变出新形象、新想法和新办法的过程。创造同样是一个制造新东西的过程，只是它更有目的。比如说莱特兄弟创造飞机，他们就有非常明确的目的——造一只大鸟，带人上天。而想象则可以是毫无目的的奇思异想。但是，我们在创造的时候，必须利用大胆的想象发现需要解决的问题，先确定创造的目的，然后通过想象找到解决问题的方法。

莱特兄弟就是通过大胆的想象，提出要解决的问题：是否可以造一只大鸟，带我们上天？然后他们动用了自己所有的脑力，在脑子里想象这只大鸟的形象、各部位的结构和飞行的原理，找到解决问题的办法，最后根据想象造出了人类历史上第一架飞机。

爱因斯坦也是一个喜爱想象的人。他常常想象人追赶速度的情景，"人要是追上了光速会看到什么呢?""人在自由降落的升降机中会看到什么现象?"爱因斯坦每天都在这些古怪的问题里遐想，最后经过反复推理论证，终于创立了举世闻名的"相对论"。

活动 5.1

活动项目：想象力基本训练。

活动目标：提高有意想象的能力。

活动材料：问题。

活动过程：实际进行练习。

活动要求：按每个训练项目的具体要求认真进行训练。

学习提示：注意有意想象和创造性想象的要求。

训练 1

尽可能多地想出与"书包"有关的词语。（时间：3 分钟）

提示：可以由学生讲叙给老师听，由老师记下数目。这样可以避免由于写字速度慢或因遇上了生字，而造成时间上的浪费。

训练 2

尽可能多地想出与"汽车"有关的东西。（时间：3 分钟）

提示：注意所联想的事物必须与所给的词有直接联系。比如可以由"汽车"是交通工具联想到"飞机"，但不能再由此联想到"天空"，"汽车"与"天空"并无直接的联系。请老师或训练者本人注意这一点，并检查一下前一训练中有否出现这种情况，假如有，请注意改正。

训练 3

尽可能多地想出与"太阳"有关的词语。（时间：3 分钟）

提示：假如做完这一训练后，你所想出的词语仍然不能达到 25 个以上，请你在看了答案，又做完下面的各项联想训练之后，再做类似训练。

训练 4

在限定的时间内，对所给的单词进行线性联想。

如：汽车——飞机——天空——乌云——下雨——雨伞——商店——商品——顾客——女人——化妆品——广告——电视——天线——房顶——瓦片——工厂——工人——老板……

按照上面的形式，从"剪刀"这个词开始进行线性联想。（时间：3 分钟）

剪刀——

提示：这一训练的关键，在于迅速转换联想内容，主要训练大脑的灵活性，训练形式也可参照训练 1 的提示。

训练 5

请从"寒冷"这个词开始，进行线性联想。（时间：3 分钟）

寒冷——

提示：最低要求是 3 分钟内必须写出 30 个以上的词语。假如达不到，请老师或训练者自己给自己设定开头的词进行反复训练，直到达到为止。

训练 6

在纸上写出学校里有哪些东西是用木头做的。（时间：3 分钟）

提示：此项训练的时间限制不必十分严格。评判标准主要看训练者能够想出多少东西。当然时间不能拖得太长。老师主要观察学生是否能立即进入大脑临战状态，是否积极主动地去搜索记忆。假如学生懒于搜索记忆，或者在想出了几个东西后便轻易放弃继续努力，老师须加以纠正。

训练 7

在纸上写出 10 种以上正方形的东西。

提示：至少写出十种，否则视为失败。（时间不限）

训练 8

在纸上写出 15 种以上白色的又可以吃的东西。（时间不限）

提示：老师可以作适当提示，以启发学生想出更多的东西。

训练 9

在纸上写出 20 种以上会发出声音的，又能够运动的东西。（时间不限）

提示：写完之后，可看参考答案，对照一下，自己在哪些方面的思路还没有完全打开。

训练 10

在纸上写出 10 种以上椭圆形的、非人造的东西。（时间不限）

提示：如果训练者在做这部分训练时的完成情况并不理想，没有关系，重要的是不要放弃努力。无论你完成情况如何，现在你都可以立刻继续做下面的训练。建议你在完成全书的训练之后，重新再做一次以上练习。你一定会发现，你有了惊人的进步。

训练 11

写出你所能想到的"红领巾"的各种用途。

提示：至少想出 5 种以上。

训练 12

"甜果冻"是同学们爱吃的食品，当你吃完甜果冻后，那一个个装果冻的小杯子，可以派什么用场？

提示：建议同学们，亲自动手做几件以果冻盒为材料的东西。

训练 13

"大笑"和"大哭"有什么相同之处？

训练 14

"大老虎"和"新型轿车"有什么相同之处？

训练 15

"白天"和"黑夜"有什么相同之处？

提示：这道题有一定的难度，老师可以根据答案给予提示。

训练 16

用所给的两个词连接成 10 个以上意义各不相同的句子。

"花"、"新"。

提示：老师可根据答案提示学生尽可能多想出一些词的不同意义的用法。

训练 17

用所给的两个词连接成 5 个以上意义各不相同的句子。

"电视"、"跑"。

提示：可以通过查阅字典来开拓思路。

训练 18

用所给的两个词连接成 5 个以上意义不同的句子。

"空"、"住"。

提示：这项练习应该经常做，受训者可以自己任选两个词，甚至三个词来进行训练，这对清理大脑仓库是极为有用的。

训练 19

以"西瓜"为参照对象，想象如何改进"汽车"生产？

提示：可从西瓜的色彩、形状、功能、价格等方面来考虑。

训练 20

以"电风扇"作为参照对象，想象一下可以使我们的教室变成什么样？

提示：可从电风扇不同式样、功能等方面来考虑。

训练 21

操场上，同学们正在上体育课，新同学李剑不小心摔了一跤，手上弄得很脏。李剑向老师请假，说要洗一下手，老师同意了。李剑跑去洗手，过了一会，他回来了，老师惊奇地发现他的手还是脏得很。

这是怎么回事呢？请想出各种可能性。

提示：老师可根据答案启发学生。

训练 22

唱歌培训班招生。出乎意料，开门两个小时还没有人来报名。终于来了一个人要求报名。工作人员给他一张表格，请他先填表。此时电话铃响了，工作人员拿起电话机打电话，几分钟后，工作人员打完电话，他惊奇地发现那个人却没有在表格上写一个字。

这又是怎么回事呢？至少想出 5 种可能性。

训练 23

一个寒冷的冬天，记者华玲在家里赶写一篇文章，突然停电了，电热器不能使用了。华玲的手僵了，连笔都拿不住。

你能帮助记者华玲想出 10 种能使双手热起来的办法吗？

第三节　想象规律在教学中的运用

秋天到了，施思和爸爸妈妈一块到公园游玩。秋风吹过，银杏树上的叶片儿就像美丽的小蝴蝶，翩翩起舞飘洒下来。落光了树叶的树干更加挺拔、刚强，它那黝黑的枝干像钢打铁铸一般，笔直地伸向蓝天。施思站在银杏树下，突然对爸爸说："爸爸，你看，银杏树多么坚强啊，它一定是种十分古老的树种，经历过岁月沧桑、风霜雪雨的考验吧？"

"对！"爸爸赞赏地对施思说，"银杏树确实是一种十分古老的树种，它经历了冰川时代最严酷的气候和地质变动，它存在的年代比人类诞生的年代更加久远。咦，你是怎么想到这个问题的？"爸爸问。

"因为我看到银杏树的树皮皱巴巴的，好像一张老人的脸，老人是经历了很多风雨的；还有，银杏树那么挺拔、那么高大，我想它一定和青松一样坚强。真棒，今天我又长了见识！"施思快活地说。

"那是因为你有丰富的想象力，是想象力带给你的收获！"爸爸肯定地说。

没错，施思的爸爸说对了。想象力在学习和生活中确实很重要，大科学家牛顿"苹果落地"的故事早已为人们熟悉。他从苹果落地这一千百万人熟视无睹的现象中，发现所有物体都会下落。月球为什么不会落下来？月球不就是个"大苹果"吗？他还想到，如果在山顶平射一发炮弹，炮弹会落到山脚不远处。如果发射速度非常大，炮弹可能会绕过半个地球；如果再加大速度，炮弹会绕着地球旋转。由此他提出了万有引力论，这就是牛顿丰富想象力的生动体现。

想象力在人类的生活中起着非常重要的作用。如果人类没有想象力，或许还会像原始人那样生活。想象使人类由鹰翔蓝天，想到发明飞机、火箭、宇宙飞船；由鱼游水底，想到发明舟船，潜艇。同学们的学习也一刻离不开想象。当学到"天苍苍，野茫茫，风吹草低见牛羊"时，我们脑中就浮现出一幅美丽的草原牧图。通过想象，我们能"畅游"亿万光年之遥的星系，能"走进"已灭绝的侏罗纪时代。相对论的提出者爱因斯坦就认为："想象力比知识更重要，因为知识是有限的，而想象力概括着世界上的一切。"

同学们都喜欢科幻作品，因为里面有许多新奇而生活中又不存在的东西，同学们常常想："要是这一切都是真的，那该多好呀！"其实在很久以前，潜水艇、飞机、电视、雷达、导弹、坦克还未出现时，在法国一位叫做凡尔纳的科幻作家的作品中早就有了它们的影子。先有了想象才能进行深入研究，因此当然需要我们具有丰富的想象力。

想象是人类活动不可缺少的心理因素，丰富的想象力是人的心理财富，是人类认识世界和改造世界的宝贵智力资源，也是创新与创造的源泉。怎样才能培养学生丰富的想象力呢？培养想象力的基本方法主要有哪些？

● 丰富自己的知识经验。对作文题目《美丽的大海》，如果你既没亲眼见过大海，又没有在书上、电视上见到过大海，你怎么去描述、去想象大海的美丽呢？那就无法科学想象，只能空想了。所以，多读书、读好书是打开想象力大门的金钥匙。

● 丰富各种表象。想象的水平是依一个人所具有表象的数量和质量为转移的。表象越贫乏，其想象越狭窄、越肤浅，有时甚至完全失真；表象越丰富，其想象越开阔、越深刻，其形象也会越生动、越逼真。因此，必须不断地充实已有表象的数量，改善已有表象的质量，以扩大已有表象的储备。

● 兴趣爱好是想象力的发动机。对科学探险有兴趣的同学往往想象要是去月球就像逛商店那么容易，该多酷！对农作物有兴趣的同学往往想象要是一粒米就可以煮一碗饭，该多棒！所以在你爱好的"领地"里尽情想象吧！

● 想象力还需要胆量。很多同学在学习和生活中的许多想象是非常好的，但怕万一想象不妥或错了遭人笑话，说他"吹牛"，于是就不敢想象了。其实，爱因斯坦第一次做的小板凳也很难看，遭别人讥笑，但是他不怕别人讥笑，最后成功了。所以大胆地去想象吧！

● 引导学生学会观察，获得感性经验，不断丰富学生的表象。表象是想象的基础，表象贫乏，想象也会枯竭。正确使用直观教具，引导学生深入地观察和分析事物就能不断丰富学生的表象。

● 引导学生积极思考、打开想象力的大门。想象和思维密切联系。在教学和实践活动中，引导学生多问、多疑，大胆探索，发展好奇心和广泛的兴趣与爱好，开启想象力的大门，着重发展学生的创造想象能力。

● 引导学生积极参加科技、文艺、体育活动，不断丰富学生的生活，增加经验积累。尤其要多参加创造活动。创造活动特别需要想象，想象也离不开创造活动。因此，积极参加各种创造活动，乃是培养想象特别是培养创造想象最有效的途径之一。

● 培养学生大胆幻想和善于幻想的能力。敢想是敢做的起点，幻想是创造活动的必要条件。对于学生的一切幻想，不要讽刺讥笑，应珍视、鼓励、引导，帮助他们把幻想转变成理想，把幻想同创造想象结合起来，把幻想和现实结合起来，并且积极地投入实际的行动中，以免幻想变成"超脱"现实、永远不能实现的空想。同时，还应当把幻想和良好愿望、崇高理想结合起来，并及时纠正那些不切实际的幻想。

本章要点

● 想象是指在刺激影响下，在头脑中把表象材料进行加工改造而形成新形象的心理过程。

● 再造想象是指依照词语描述或图样、模型的示意，在头脑中形成相应的新形象的过程。

● 创造想象是指在刺激物的作用下，不依据现成的描述而独立地创造出新形象的过程。

● 幻想是指同生活愿望相结合并指向于未来的想象。幻想有积极与消极之分。

● 理想是指符合现实的发展规律，并指向行动，有实现可能性的积极幻想。

● 空想是指完全脱离现实的发展规律，毫无实现可能的消极幻想。脱离实际虚无缥缈的空想往往会把人引向歧途，放弃现实努力。

思考与练习

活动项目：

1. 观察一个无意形成的色块或线条，例如：黑板上的裂痕、课桌面上的纹路、纸上的墨迹、墙壁上的斑痕、天上的云彩、地上的泥迹等，极力想象它像什么？越新奇越好。

2. 轻轻闭上你的眼睛，做下列想象清晰性训练。

(1) 想象你父母的形象。

(2) 想象你最要好的朋友的脸。

(3) 想象你的小宠物。

接下来，想象他们不断变化的过程，越细越好：

例如：父母：儿童时的形象——少年时——青年时——中年时——壮年时——老年时

3. 看到下面的图画，你想到了什么？展开你想象的翅膀，想得越多越好。

例如：它像苹果、气球……

(1)

(2)

(3)

(4)

(5)

(6)

……

4. 看到下面的图画，你想到了什么？展开你想象的翅膀，想得越多越好。

例如："在月亮上荡秋千！"……

(1)

(2)

(3)

(4)

(5)

(6)

……

相关文献链接

● 燕国材. 智力因素与学习[M].北京:教育科学出版社,2002:第五章.

● 周文. 青少年智力开发与训练全书·想象力开发与训练(上、下)[M].哈尔滨:黑龙江人民出版社,2001.

第 六 章

青少年创造力的开发

本章学习结束时教师能够：

- 能举例说明创造活动的主要规律
- 能运用创造力测量技术对学生的创造力进行测评
- 能运用创造力的有关方法对创造力进行开发训练

第一节 创造力的基本概念与原理

测验 6.1

创造力小测验①

心理学研究表明，凡是智力正常的人都有创造能力，只是水平高低不同而已。下面这个测验是检验你的创造能力的，做完这个测验，你对自己的创造能力就有了一个基本的了解。具体方法是：下面的题目凡是符合你的情况的，请在题目后面的括号内打"√"，不符合的，请打"×"。

1. 我做事情能够很专心。 （　　）
2. 我经常尝试用比喻的方法将一件事情说清楚。 （　　）
3. 我喜欢对班里的事情提出自己的建议。 （　　）
4. 完成老师布置的作业后，我总有一种很兴奋的感觉。 （　　）
5. 我觉得大人说的话不一定都对，有时我会提出自己的不同意见。 （　　）
6. 我对自己不了解的事情总喜欢问个为什么。 （　　）
7. 去公园游玩后，我对公园的景物、发生的事情印象会很深刻。 （　　）
8. 家里买回一件家用电器，我会很快掌握它的使用方法。 （　　）
9. 和别人谈话时，我会发现别人说得不对的地方并指出来。 （　　）
10. 我觉得自己有很强的好奇心。 （　　）
11. 即使遇到困难和挫折，我都不容易气馁。 （　　）
12. 我喜欢玩一些要开动脑筋的游戏。 （　　）
13. 做数学作业时，我会尝试用不止一种方法解答。 （　　）
14. 我做自己感兴趣的事情，即使做了很长时间我也不觉得累。 （　　）
15. 我做事情一般不会半途而废。 （　　）
16. 我希望自己各方面都很棒，并为此作出努力。 （　　）
17. 凡是新鲜的东西我都会很感兴趣。 （　　）
18. 遇到紧急情况我能够冷静地对待。 （　　）
19. 当我和别人发生意见分歧时，我会想一想别人是不是也有对的地方。 （　　）
20. 当学习碰到困难时，我会自己努力思考，不轻易让别人告诉我答案。 （　　）
21. 我喜欢做一些有一定冒险性的事情。 （　　）

---

① 周文.青少年智力开发与训练全书·创造力开发与训练(上)[M].哈尔滨:黑龙江人民出版社,2001:141-143.

青少年智力因素开发与非智力因素培养

88

22. 若要我做一件从来未做过的事情，我会很乐意并赶快去做。（　　）

23. 我常常会想自己长大后会是什么样子。（　　）

24. 我觉得自己的学习方法在不断地改进。（　　）

25. 当同学问我学习上的问题时，我会乐意和他一起研究问题的答案。
（　　）

26. 我觉得去新地方旅游是最好的度假方式。（　　）

27. 我觉得别人会经常接纳我提出的意见。（　　）

28. 我很喜欢看科学幻想方面的书籍。（　　）

记分与评析：

凡打"√"的题目记 1 分，打"×"的题目记 0 分，将得分相加便是你的总分。

总分在 7 分以下，说明创造能力较差；总分在 8～14 分，说明创造能力一般；总分在 15～21 分，说明创造能力较好；总分在 22～28 分，说明创造能力很好。

核心概念与重要原理

创造力也称创造性，是指个体产生新颖独特的、有社会价值的产品的心理能力或特性。

创造性思维培养的基本原则——"五要五不要"：一要尊重那些与众不同的疑问，不要对奇思异想横加指责或奖励那些不发问者；二要尊重与众不同的观念，不要过分看重观念本身的价值；三要向学生证明他们的观念是有价值的，不要轻易就放弃自己的观念，哪怕这些观念是不成熟的甚至是不正确的；四要给予充分的学习机会，不要剥夺任何人尝试的权利和探索的需要；五要使评价与前因后果联系起来，不要去按常规标准评价或单纯只注重结果。

创造性思维培养的措施：（1）坚持"五要五不要"原则；（2）营造宽松的心理环境；（3）形成创造性思维的定势；（4）提升创造性思维各成分的水平；（5）教授创造性思维策略；（6）积极参与科学研究工作；（7）塑造创造人格。

创造力训练的方法：（1）头脑风暴训练法；（2）"戈登技术"训练法；（3）检查单训练法；（4）类比推理训练法；（5）扩散训练法；（6）推测与假设训练法；（7）移植综合训练法；（8）非逻辑联想训练法；（9）换角度思维训练法；（10）对立思维训练法。

第二节　创造性思维的培养

活动 6.1

活动项目：跳出九点看九点。

活动目的：锻炼青少年打破固有的思维模式看问题。

活动材料（九点图）

活动要求：认真思考，积极行动。（10分钟）

活动过程：

请青少年看一下这九个点所组成的图形，请他们照原样把这九个点画在纸上，要求他们用四条连续的直线把这九个点连起来，线与线之间不得断开（"连续"含义是笔不得离开纸面）。

给大家几分钟时间，让他们试着画一下。请大家尽力开阔自己的思维，突破自己给自己设置的由九个点形成的框框。

最后问多少人成功地解出了这道题，并请一位学员走到前面，画出正确答案，或者自己直接公布答案，可以用连续的四笔（四条直线）通过这九个点。

活动提示：

为了增强游戏的趣味性，可以评选出说出答案最多的"富人"，最具创意的和最出乎意料却在情理之中的"金点子"。

讨论分享：

这九个点组成的图形在我们的头脑中留下的印象是什么？解这道题的关键是什么？（跳出我们自己或他人为我们设置的框框）这个游戏对于我们的学习和工作有什么启示？

总结升华：

我们必须摆脱我们自己或者别人为我们设下的思想上的束缚。当我们遇到困难的时候，我们应该尝试从不同的角度去思考问题。学会"跳出九点看九点"，就如跳出班级看班级、跳出学校看学校、跳出企业看企业、跳出中国看中国、跳出人类看人类那样，更能够看清楚问题的本质。

拓展训练：

你能用少于四条的连续直线通过这九个点吗？（线与线之间不得断开，笔不得离开纸面）你能用一条直线通过九点吗？（无其他条件限制）

对青少年创造性思维的培养，不存在什么捷径或"点金术"。对青少年来说，创造性思维培养的基本策略，应当是在专业知识和技能的教学中，进行以发散思维为重点的多种思维相结合的智慧活动训练。创造性思维培养的最好场合和手段应该而且可以是日常教学活动。与此同时，适当进行直接的思维训练，开展课外校外的科技创造发明发现活动，对培养青少年的创造性思维都会起到积极的推动作用。以下是培养青少年创造性思维的主要思路。

● 坚持"五要五不要"原则。在培养青少年的创造性思维时，应遵守"五要五不要"的基本原则：一要尊重那些与众不同的疑问，不要对奇思异想横加指责或奖励那些不发问者；二要尊重与众不同的观念，不要过分看重观念本身的价值；三要向学生证明他们的观念是有价值的，不要轻易就放弃自己的观念，哪怕这些观念是不成熟的甚至是不正确的；四要给予充分的学习机会，不要剥夺任何人尝试的权利和探索的需要；五要使评价与前因后果联系起来，不要去按常规标准评价或单纯只注重结果。只有这样，才能够真正激发青少年学习的积极性和主动性，使学生的认知功能和情感功能都得到充分的发挥，以提高学生的创造性思维能力。

● 营造宽松的心理环境。教师既是知识的传授者，也是创造教育的实施者。为了培养青少年的创造性思维，教师在教学中应为学生创设一个能支持或高度容忍标新立异者和偏离常规者的宽松环境，让学生感受到"心理安全"和"心理自由"，在一种无威胁、少压力的和谐气氛中，主动积极地去学习、探索。教师在教学工作中，应善于提出问题，启发学生独立思考，寻求正确答案；要鼓励学生质疑争辩，自由讨论；要指导学生掌握发现问题、分析问题和解决问题的科学思维方法。

● 形成创造性思维的定势。定势（set）是受过去经验模式影响而产生的心理活动的一种准备状态。这种准备状态往往使人对刺激情境以某种习惯的方式去进行反应。从作用来看，定势有积极与消极之分。在教学中教师应多提供机会和创造条件，以使青少年必须运用创造性思维才能解决问题。例如，在考试中适当增加开放性试题，重视无固定答案的问题，等等，从而形成积极的心理准备状态。使青少年无论是在学习、工作中，还是在日常生活中，都有运用创造性思维的定势，从而创造性地解决问题。

● 提升创造性思维各成分的水平。教师要注意引导青少年进行发散性思维训练。让青少年逐渐养成多方向、多角度认识事物和解决问题的习惯。可以采取"一题多解"、"一题多变"等练习，或让他们自编题目。教会他们为了追求更有效的方法，要使自己更有创造力地思考，就需要有不同的观点，就要寻找多个答案。寻找的方法很多，但最重要的是要去找。教师除了要注意分析思维和抽象能力的发展外（传统教育所重视的），还要重视发掘学生的直觉思维和形象思维能力。创造性思维就是用直觉思维和形象思维"产生"新的观念、新的思想，再用分析思维、抽象思维证实新观念、新思想。此外，培养青少年的创造性想象对创造性思维具有重要价值。具体可以采取丰富青少年的表象储备，鼓励他们积极想象，甚至进行大胆的幻想，掌握、运用培养想象力的一些技术等手段来激发学生的创造性想象。

● 教授创造性思维策略。通过开设各种专门的课程来教授一些创造性思维的策略。例如，教会青少年运用用途扩散、结构扩散、方法扩散与形态扩散等方法，来提高他们发散思维的能力；让青少年熟练掌握头脑风暴法和戈登技术，来促进发散思维能力及团体协作能力的提高；通过推测与假设训练来发展青少年的想象力，尤其是创造性想象的能力。

● 积极参与科学研究工作。许多创新成果都来自科学研究，科学研究从心理机制来讲也就是创造性思维的结果，因此青少年应当适当参与科学研究。参与科学研究的形式多种多样，可以是参与老师们的科研课题，也可以自己或与其他同学合作申报学校里专门为青少年设立的研究课题，还可以是根据自己的兴趣爱好进行研究探索。通过参加科研活动，接受系统的科研训练，一方面可以培养青少年实事求是的科学态度，逐步具备初步的科研能力；另一方面，创造性思维的各种成分也能得到综合训练，从而促进青少年创造性思维能力的培养。

● 塑造创造人格。创造性思维与人格之间具有互为因果的关系，因此，可以通过创造人格的塑造来培养创造性思维。首先，鼓励青少年的创新精神，要重视他们与众不同的见解、观点，并尽量采取多种形式支持学生以不同的方式来理解事物。对平常的问题的处理能提出超常见解者，教师应给予鼓励。其次，应保护青少年的好奇心，接纳他们任何奇特的问题和观念，并及时给予鼓励和赞赏，决不能忽视或讥讽。再次，消除青少年对答错问题的恐惧心理。具体而言，对青少年所提问题，无论是否合理，均以肯定态度接纳。对出现的错误不应全盘否定，更不应指责，应鼓励学生正视并反思错误，引导学生尝试新的探索，而不循规蹈矩。最后，给青少年提供具有创造性的榜样，通过给他们介绍或引导阅读文学家、艺术家或科学家传记，或带领他们参观各类创造性展览、与有创造性的人直接交流等，使学生领略到创造者对人类的贡献，受到创造者优良品质潜移默化的影响，从而启发他们见贤思齐的心理需求。

第三节 创造能力训练方法

活动 6.2

活动项目：创造游戏——头脑风暴。

活动目的：启发和引导青少年形成创造性思维，让青少年团队成员练习创造性地解决问题。

活动材料：回形针、可移动的桌椅。

活动要求：认真思考，积极行动。（40分钟）

活动过程：

● 头脑风暴的基本准则：不允许有任何批评意见、欢迎异想天开，追求各种想法的组合和改进。

● 将全体成员分成若干个6～8人小组。

● 他们的任务是在10分钟内尽可能多地想出回形针的用途。

● 每组指定一人负责记录想法的数量和内容。

● 在10分钟后，请各组汇报他们所想到的数量和内容，重复的略去。

活动提示：为了增强游戏的趣味性，可以评选出最具创意的、最出乎意料却在情理之中的"金点子"。

讨论分享：

● 你认为头脑风暴适合于解决哪些问题？

● 你现在能想到的在工作中可以利用头脑风暴的地方有哪些？

● 你认为头脑风暴在提高创造性思维能力方面有何优势？

总结升华：

● 头脑风暴在创造性思维培养中有很大的好处。

● 有时候，一些异想天开的念头却是伟大创造的发源地。

● 创造性观点往往产生于宽松民主的氛围当中。

拓展训练：请你尽量列举"水"的用途。

创造能力的训练，有多种途径和方法。可以结合学科教学培养，也可以进行专门化的直接训练。以下是常用的训练方法。

● 头脑风暴训练法。"头脑风暴法"（Brain Storm）是奥斯本（Osburn）提出的一种创造性思维训练术，简称"BS法"。其基本做法是：在集体解决问题的课堂上，通过集体的讨论，使思维相互撞击，迸发火花，达到集思广益的目的。为此在教学活动中要遵守以下四个规则：一是让参与者畅所欲言，对所提出的方案暂不作评价或判断；二是鼓励标新立异、与众不同的甚至离题的想法和观点；三是以获得方案的数量而非质量为目的，即鼓励多种想法，多多益善；四是鼓励提出各种改进意见或补充意见。

为了便于主持人启发大家思考，防止冷场，研究人员将启发性问题排列成表，在集体讨论中视具体情况灵活使用。例如有一个启发性问题表上列出了这样9个项目：（1）移作他用。维持原样，还有其他用途吗？可以模仿什么？借用什么？如教室不仅可用作学习场所，也可以用作招待所。（2）应变。从不同方面灵活地考虑问题，过去是否提出过类似想法？如管理学校可以同管理工厂或监狱一样。（3）改进。改变什么？是意义、运动、颜色、声音、气味、形式、形状、款式的改变吗？如改变班级的构成，改进教学方法或改进处理纪律问题的方法。（4）扩大。扩大什么？是扩大时间、空间、高度、长度、厚度、重量、强度、成分吗？如班级和教师人数，作业和奖罚的量都可以增加。（5）缩小。缩小什么？是缩小一点、浓缩一点、低一点、高一点、短一点、长一点、轻一点、重一点吗？如班级规模、作业量可以减少。（6）替代。还有什么可以替代？是其他人、过程、设备、材料、元件、动力、地点、途径的替代吗？如一位教师可以被另一位教师替代，整个班级或其中部分学生可以与其他班级交换。（7）重新安排。哪些可以重新安排？是构成、模式、造型、布局、元件、次序步调、计划的重新安排吗？如座位可以重排。（8）逆转。改变看问题的角度，进行逆向思维，是正反、里外、上下、前后颠倒吗？反推物体的作用？交换位置？如可以让学生担任教学工作。（9）合并。怎样组合？是部件、材料、目的、方案、外形、思想的组合吗？如将前面几个人的意见综合成一种解答方案，或者教学可以与娱乐合二为一。

头脑风暴训练在当前课堂教学中的应用范例是：在解决问题时让班里学生分组讨论，鼓励青少年先从自己角度尽可能多地寻找答案，而不必考虑正确与否，老师和同学均不作评论；进而在所有学生中能彼此激发出更多解决问题的灵感，从而使问题得到创造性的解决。

● "戈登技术"训练法。戈登技术训练法是美国学者戈登（Gordon）提出的一种与头脑风暴法不同的创造性思维训练术。又称 A·D·里透法（因该法是戈登在 A·D·里透公司设计开发部发明的）。运用头脑风暴法时，主持人在讨论问题之前向与会者或学生提出完整和详细的问题。但在使用戈登技术时，主持人只提出一个抽象的问题，有关成员完全不知道真正的课题，只有主持人才知道。参加者可以自由发表自己各种各样的见解，主持人由此得到启示，把参加者提出的设想与真正的课题联系挂钩。例如，当要讨论城市停车的问题时，开始只提出"如何存放东西"之类的问题，要求学生思考存放东西的各种方法。例如，一位心理学家请青少年回答这一问题，其答案有：把东西放进袋子里；把东西堆成堆；把东西排成排；把它们装入罐头；把它们放入仓库；用传送带把它们送入贮藏室；把它们割断；把它们折起来；把它们放进口袋；把它们放进箱子里；把它们拆开；把它们放在架子上……随后，主持人缩小问题范围，如提出"要存放的东西很大"。然后，进一步缩小问题的范围，提示"东西不能折起来，也不能切断"如此等等。

● 检查单训练法。检查单训练法又称提示法或检查提问法，有"创造技法之母"之称，就是由一个个固定的思维角度模式组成一个检查单，每遇到新事物就按照检查单上所列项目进行逐项思考，以期得到创造性结果的方法。"加一加"、"反一反"、"缩一缩"都属于检查单上的项目。例如，很多东西就是经过对现有事物"加一加"、"缩一缩"、"反一反"形成的。照相机加灯就成了闪光灯照相机，钟缩小就成了手表，"电流产生磁场"的原理反过来就使人发现了"磁场能转变为电"。此外检查单还包括："能否扩大"、"能否替代"、"能否改变"、"能否综合"、"能否有其他用场"、"适合与否"等等。例如，折叠式自行车、太阳能计算器、香味布鞋、超声灭鼠器、激光手术刀等都是改变了原有事物的颜色、音响、味道、形状、动力等而发明的。检查单法可以训练思维的变通性和流畅性，例如，上述"反一反"的思维方式，它包括上下、左右、前后、大小、动静、有无、是否、正负、内外、长短、好坏、主次等等的颠倒，其实就是"反向思维"，即把已有原理或解题方法颠倒过来以求得新思路和新成果。

●类比推理训练法。类比推理训练法也称原型启发法或对偶法，就是把现有事物的关系或目前要解决的问题与某类事物相对照，从中找到共同之处，以获得有益的启示的方法。具体地说，它可以包括：①拟人类比，如制造机器人；②直接类比，如我国人工牛黄的培育成功就得益于人工珍珠培育的方法；③因果类比，如添加泡沫剂后可使面包省料且体积增大的启发从而创造出泡沫塑料、空心砖等；④对称类比，如狄拉克从自由电子运动中得到正负对称两个能量解，从而大胆提出存在正电子并最终被验证；⑤象征类比，如用风帆簇拥的造型设计建成了悉尼歌剧院，以象征这一港口城市的自由和开放。教师要启发青少年用日常生活中的事例进行类比，以解决当前所面临的学业问题。培养青少年的类比推理能力，有利于其创造性思维的发展。

●扩散训练法。扩散训练法是通过对物体用途、结构、方法、形态等的扩散，来提高发散思维的能力的方法。（1）用途扩散。用途扩散是指以某件物品的用途为扩散点，尽可能多地设想出它的用途。例如，尽可能多地说出回形针的用途：把报纸或文件别在一起；作发夹用；拉开一端，能在泥地上或蜡板上画图、写字；用作钓鱼钩；拉直了可作鞋带，等等。（2）结构扩散。结构扩散是指以某种事物的结构为扩散点，设想出利用该结构的各种可能性。例如，尽可能多地画出包含有"艹"结构的东西，并写出或说出它们的名字。（3）方法扩散。方法扩散是指以解决某一问题或制造某种物品的方法为扩散点，设想出利用该种方法的各种可能性。例如，尽可能多地列举出用"吹"的方法可以完成的事情：吹气球、吹灰、吹纸折的玩具、吹口哨、笛子，等等。（4）形态扩散。形态扩散是指以事物的形态（如颜色、味道、形状等）为扩散点，设想出利用某种形态的各种可能性。例如，尽可能设想利用红色可做什么，办什么事：可作红色交通信号灯、红旗、红围巾、红十字标志、红色印泥、消防车的红色车身，等等。

●推测与假设训练法。推测与假设训练法是通过对不完整的事件的假设与推测，来发展青少年的想象力和对事物的敏感性，并促使他们深入思考，灵活应对。例如，让青少年听一段无结局的故事，鼓励他们去猜测可能的结局；或读文章的标题，去猜测文中的具体内容。还可以让青少年进行各种假设、想象，比如，假设你当市长，你如何管理这个城市等等。

● 移植综合训练法。移植综合训练法是将某一学科的理论、概念，或者某一领域的技术发明和方法应用于其他学科和领域，以产生新的结果的方法。例如，现代医学中的内脏移植手术、克隆技术等，都是根据这种"他山之石可以攻玉"的原理创新的。心理学上也有这样的事例：现代信息加工的理论和术语被移植到对人的心理过程的分析中，就形成了新兴心理学分支——现代认知心理学。因此，教师不妨允许青少年借用其他学科的已有知识来解决本学科的问题，以提高青少年思维的灵活性。

● 非逻辑联想训练法。非逻辑联想训练法是通过不符合逻辑的奇特联想，以产生新颖独特成果的方法。它常常可以把人的思维从死胡同、牛角尖中拽出来。一些始料不及的方案正是在不符合逻辑的奇特的联想中产生的。据说有个日本人在挖藕时放了响屁而受到嘲笑："嗨，这样的响屁若对着池底多来几个，莲藕不都会翻出来吗？"说者无心，旁听者却由此受到启发：先用压缩空气，后改用水加压喷入池底，藕终于完整而清洁地被冲刷上来！非逻辑联想的一个变式是"卡片乱配法"，就是把事物的每一性质、特点、需要、操作、要求等分别写在一张张卡片上，然后把卡片混合在一起并随意搭配。这种盲目的排列组合当然时常会驴唇不对马嘴，但有时就会独辟蹊径，带来意外的惊喜。

● 换角度思维训练法。换角度思维训练法又称为"边缘思考"法，是指把人们通常考虑问题的思路扭转一下，换个角度，采用易被人忽视的方法解决问题的方法。比如圆珠笔在1934年被发明出来后备受欢迎，但仍存在一个很大的弊病，就是每当写了20 000字左右时，由于滚珠磨损就会漏油。许多国家的圆珠笔生产厂家投入了大量人力物力来进行耐磨滚珠的研制，但这又必然提高了成本和价格，使其缺乏市场竞争力。最终一个日本青年一改传统思路，提出了通过控制笔芯油量，使之刚好写到15 000字左右时用完的想法，轻易地解决了这一问题。我国古代《三国演义》故事中的"草船借箭"也可看做是应用换角度思维的一个例子。

● 对立思维训练法。对立思维训练法是指从已有事物、理论或经验等完全对立的角度来思考，使问题得到创造性解决的方法。例如，可以从天上想到地上。从火箭向空中发射，而将火箭改为向地下发射，从而发明出一种探地火箭就属对立思维。对立思维训练法的关键是设立对立面。该法通常在心理历程上要经历四个连续的步骤：树敌—破阵—包摄—建构。树敌是指提出一种在原理论的适用范围之外的极例。破阵是指从原理论的对立面出发，与原理论相比较，通过质疑、问难，以暴露原理论的误区或打破原理论的局限。包摄是当两极例对立矛盾时，又都充分为证据所支持不能舍弃任何一个，于是把二者结合起来综合考虑，在包容新事实的前提下修改原理论，进而提出新假说。建构是指在明确的理论目标和包摄融合的前提下，建构一个更为普遍适用的新理论。通常，以对立方式思考，也许在第二阶段

"破阵"时就能创造性地解决问题。只有当两极端都存在适用范围时，才需要进一步的包摄、建构。对立思维训练法是以违背原理论的规范、预期的姿态出现的，是一种打破原有认识局限，突破思维定势的有效方法。

本章要点

- 创造力也称创造性，是指个体产生新颖独特的、有社会价值的产品的能力或特性。
- 创造性思维是指一种以发散思维为核心，聚合思维等为支持性因素的、多种思维有机结合的操作方式。
- 创造性思维培养的措施：（1）营造宽松的心理环境；（2）形成创造性思维的定势；（3）提升创造性思维各成分的水平；（4）教授创造性思维策略；（5）积极参与科学研究工作；（6）塑造创造人格。
- 创造性思维训练的方法：（1）头脑风暴训练法；（2）"戈登技术"训练法；（3）检查单训练法；（4）类比推理训练法；（5）扩散训练法；（6）推测与假设训练法；（7）移植综合训练法；（8）非逻辑联想训练法；（9）换角度思维训练法；（10）对立思维训练法。

思考与练习

活动1：

请你运用头脑风暴法，组织一个由 7~8 个同学参加的学习小组，进行"如何存放食物"的问题讨论，并自觉遵循运用头脑风暴法的四个原则，最后再筛选出最佳答案。例如：把食物放在塑料袋里，把食物放入罐里……

（1）_____。
（2）_____。
（3）_____。
（4）_____。
（5）_____。
（6）_____。
（7）_____。
（8）_____。
……

最佳答案：_____。

活动2：

在奥斯本提出的头脑风暴法的基础上，日本学者提出了 MBS 法，它的具体步骤是：（1）提出问题；（2）由与会者各自在纸上填写设想，时间为 10 分钟；

（3）个人轮流发表设想，每人提 1～5 个设想，由主持人记录，其他人可根据宣读者提出的设想，填写新的设想或改造自己原来的设想；（4）将设想写成正式提案；（5）主持者把所有与会者的提案用图解的方式写在黑板上，进一步进行讨论，以获得最佳方案。

请你采用以上 MBS 法召开一次主题为"未来新型交通工具"的讨论会，选出最佳方案，总结并谈谈自己的体会。

主题活动：未来新型交通工具

主持人： _____

时间： _____

地点： _____

人员： _____

主要内容： _____

_____

_____

_____ 。

最佳方案： _____

_____ 。

总结： _____

_____

_____ 。

体会： _____

_____

_____ 。

相关文献链接

● 燕国材.智力因素与学习[M].北京:教育科学出版社,2002:第七章.

● 周文.青少年智力开发与训练全书·创造力开发与训练(上、下)[M].哈尔滨:黑龙江人民出版社,2001..

青少年非智力因素培养 **下篇**

清代彭端淑写过一篇《为学一首示子侄》，讲的是两个和尚朝南海的故事。①
全文如下：

天下事有难易乎？为之，则难者亦易矣；不为，则易者亦难矣。人之为学有
难易乎？学之，则难者亦易矣；不学，则易者亦难矣。

吾资之昏不逮人也，吾材之庸不逮人也，旦旦而学之，久而不怠焉，迄乎成，
而亦不知其昏与庸也。吾资之聪倍人也，吾材之敏倍人也，屏弃而不用，其与昏与
庸无以异也。圣人之道，卒于鲁也传之。然则昏庸聪敏之用，岂有常哉？

蜀之鄙有二僧：其一贫，其一富。贫者语于富者曰："吾欲之南海，何如？"
富者曰："子何恃而往？"曰："吾一瓶一钵足矣。"富者曰："吾数年欲买舟而下，
犹未能也。子何恃而往？"越明年，贫者自南海还，以告富者，富者有惭色。西
蜀之去南海，不知几千里也，僧富者不能至，而贫者至之。人之立志，顾不如蜀
鄙之僧哉？

是故聪与敏，可恃而不可恃也；自恃其聪与敏而不学者，自败者也。昏与
庸，可限而不可限也；不自限其昏与庸而力学不倦者，自力者也。

文章作者彭端淑指出：努力学习不倦怠，则天资不高的人也会突破"昏与
庸"的限制而有所成就；反之，摒弃不学，即使天资很高的人，也会一无所成，
即聪明反被聪明误。文章也给我们一个启示：即智力因素（即"聪与敏"和"昏
与庸"）与非智力因素（即"力学不倦"和"摒弃不学"）在成才中有着十分密切
的关系。

影响学生学习的心理因素除了智力因素外，还有一大心理因素——非智力因
素，它是学生学习获得成功的重要保证。学习需要具备智力的基础，但若无良好的
非智力因素的积极参与，即使有了高水平的智力，也难以取得较高学业成就。学生
智力因素的作用固然重要，但非智力因素的作用决不能小视。研究表明，非智力因
素的作用有随年龄增长而增大的趋势。了解学生在非智力因素方面的特点和规律，
进行有针对性的培养，是促进学生的学习，实现教育目的，提高教育与教学效能
的重要途径。非智力因素范围非常广泛，在此，仅对与学生学习活动及教师的教
育活动密切相关的几种主要的非智力因素加以分析，并提出相应的培养措施。

一、非智力因素的涵义

学习是一个非常复杂的过程。要提高学习的成效，不仅需要学生的注意力、
观察力、记忆力、思维力、想象力及创造力等智力因素积极地投入，也需要动
机、兴趣、情感、意志、性格等非智力因素的积极参与。它们对获得学习的成功
来说，都是不可或缺的。一般的共识是：智力因素对学习活动起直接作用，它直

① 燕国材，崔丽莹.超越情商——非智力因素与成功[M].上海：学林出版社，1998：30-31.

接参与信息的加工和处理；而非智力因素对学习活动起间接作用，它虽不直接参与信息的加工和处理，但它影响到信息加工处理的方式及倾向性。正是由于非智力因素与学习有着如此密切的关系，因而越来越多地受到国内外理论家及教育实际工作者的普遍关注。

究竟什么是非智力因素呢？美国心理学家亚历山大（W. P. Alexander，1935）最早提出了非智力因素这一概念。国内首次公开明确提出非智力因素这一概念的是燕国材（1983）。目前人们对它尚无统一的看法。通常可以从广义与狭义两方面来认识非智力因素。从广义上来理解，非智力因素是指除智力以外的一切心理因素。从狭义上理解，非智力因素是指除智力因素以外的直接参与并影响学生学习活动的人格因素的统称。有学者（燕国材，1992）还把狭义的非智力因素的范围规定为动机、兴趣、情感、意志和性格5种基本心理因素，并进一步提出12种具体的非智力因素，即成就动机、求知欲望、学习热情、责任感、义务感、荣誉感、自信心、自尊心、好胜心、自制性、坚持性、独立性。①

二、非智力因素的研究

关于非智力因素在智力活动中的作用，国外学者（A. L. Lazarus，А. А. Бодапев，В. И. Сулнкчна）的研究认为，高水平的学习动机、强烈的学习兴趣、积极的学习态度、高涨的学习热情、良好的意志品质和性格特征是取得学业成就的重要条件。

关于非智力因素的研究，国内的许多学者（吴福元、燕国材、林崇德、祝蓓里、丛立新、申继亮等）都做了大量研究，其主要研究结论可以概括为以下几方面：（1）不论什么年龄的学生，智力与非智力因素对学习都有影响，只是在不同年龄阶段上，其作用有大有小；并且智力与非智力因素的发展存在着"动态趋同"现象。（2）只要是智力属于正常范围的学生，其非智力因素与学业成绩都存在着显著相关，特别是智力水平中等的学生，非智力因素的作用更大。（3）学习优秀者，其非智力因素的特征为：有较强学习动机、自信心强、意志坚韧、有好胜心、勤奋刻苦、学习兴趣浓厚、善于独立思维、情绪稳定等；学习落后者的非智力因素特征为：缺乏坚韧的意志、没有浓厚的学习兴趣、学习不够自觉、情绪波动大、缺乏明确持久的学习动机等。（4）非智力因素可以通过一系列有效的教育手段加以培养。

以下，就围绕动机、兴趣、情感、意志和性格等主要的非智力因素，来谈谈培养良好非智力因素的主要方法。

---

① 燕国材，马加乐. 非智力因素与学校教育. 西安:陕西人民教育出版社,1992. 11-12.

第 七 章

Chapter 7

青少年动机的培养

本章学习结束时教师能够：

- 能举例说明动机的类型、品质和主要规律
- 能运用动机测量技术对学生的动机进行测评
- 能运用动机的有关方法对动机进行培养

第一节　动机的基本概念与原理

测验 7.1

学习动力小测验①

该问卷主要帮助你了解自己在学习动机、学习兴趣、学习目标上是否存在困惑。共 20 个题目，请你实事求是地在与自己的情况相符的题目后面打一个"√"号，不相符的题目后面打一个"×"号。

1. 如果别人不督促你，你极少主动地学习。　　　　　　　　（　　）

2. 你一读书就觉得疲劳与厌烦，只想睡觉。　　　　　　　　（　　）

3. 当你读书时，需要很长时间才能提起精神。　　　　　　　（　　）

4. 除了老师指定的作业外，你不想再多看书。　　　　　　　（　　）

5. 如有不懂的，你根本不想设法弄懂它。　　　　　　　　　（　　）

6. 你常想自己不用花太多时间就能大幅度地提高自己的学习成绩。（　　）

7. 你迫切希望自己在短时间内就能大幅度提高自己的学习成绩。（　　）

8. 你常为短时间内成绩没能提高而烦恼不已。　　　　　　　（　　）

9. 为了及时完成某项作业，你宁愿废寝忘食、通宵达旦。　　（　　）

10. 为了把功课学好，你放弃了许多你感兴趣的活动，如体育锻炼、看电影和郊游等。　　　　　　　　　　　　　　　　　　　　（　　）

11. 你觉得读书没意思，想去找个工作做。　　　　　　　　（　　）

12. 你常认为课本上的基础知识没啥好学的，只有看高深的理论，读大部头作品才带劲。　　　　　　　　　　　　　　　　　　（　　）

13. 只在你喜欢的科目上狠下功夫，而对不喜欢的科目放任自流。（　　）

14. 你花在课外读物上的时间比花在教科书上的时间要多得多。（　　）

15. 你把自己的时间平均分配在各科上。　　　　　　　　　（　　）

16. 你给自己定下的学习目标，多数因做不到而不得不放弃。（　　）

17. 你几乎毫不费力地就实现了自己的目标。　　　　　　　（　　）

18. 你总是同时为实现几个学习目标而忙得焦头烂额。　　　（　　）

19. 为了对付每天的学习任务，你已经感到力不从心。　　　（　　）

20. 为了实现一个大目标，你不再给自己指定循序渐进的小目标。（　　）

评分与评价：

上述 20 个题目可分为四组，它们分别测查你在四个方面的困惑程度：1～5

---

① 卢秀安,陈俊,刘勇. 教与学心理案例[M]. 广州:广东高等教育出版社,2002:262-264.

题测查你的学习动机是不是太弱；6~10 题测查你的学习动机是不是太强；11~15 题测查你的学习兴趣是否存在困扰；16~20 题测查你在学习目标上是否存在困扰。假如你对某组（每组 5 题）中的大多数题目持认同态度，则一般说明你在相应学习欲望上存在一些不够正确的认识，或存在一定程度的困扰。

核心概念与重要原理

动机是指激起人去行动或抑制这个行动的愿望和意图，是一种推动人的行为的内在原因。

动机的品质主要包括正确性、长远性、稳定性和有效性四个方面的品质。

动机的正确性是指动机符合现实要求的程度和水平。以此为标准，可以把动机划分为正确的、高尚的动机与错误的、卑俗的动机两类。

动机的长远性是指向活动目的的远大或近小的程度和水平。以此为标准，可以把动机划分为近景性动机（直接的短近动机）与远景性动机（间接的远大动机）两类。

动机的稳定性是指动机持续时间的长短、久暂的程度和水平。以此为标准，可以把动机划分为稳定的动机与不稳定的动机两类。

动机的有效性是指动机对活动所起作用的大小与正负的程度和水平。以此为标准，可以把动机划分为有效的动机和无效的动机两类。

动机的功能：（1）激发功能；（2）指向功能；（3）维持功能；（4）强化功能。

耶克斯—多德森定律（倒"U"曲线）：美国心理学家耶克斯（Yerks）和多德森（Dodson）认为，中等程度的动机激起水平最有利于学习效果的提高。最佳的动机激起水平与作业难度密切相关：任务较容易，最佳激起水平较高；任务难度中等，最佳动机激起水平也适中；任务越困难，最佳激起水平越低。

成败归因理论：维纳把归因分为：（1）内部归因和外部归因、稳定性归因和非稳定性归因、可控制归因和不可控制归因三个维度；（2）能力高低、努力程度、任务难易、运气（机遇）好坏、身心状态、外界环境等六个因素。

增强学生课堂学习动机的主要方法：（1）让学生明确课堂学习的目的和意义，并了解达到学习目的的方式方法；（2）利用灵活多样的教学方式使课堂教学风趣化，激发学生的求知欲；（3）加强课堂内容的新颖性、形象性和具体性，激发学生的学习兴趣；（4）充分调动学生在课堂学习中的主动性，在愉悦的环境中学习，体验学习的乐趣；（5）对学生的课堂学习行为及时进行反馈和正确的评价，激发上进心，并结合进行适当的表扬与批评。

动机培养的一般方法：（1）确定明确适当的活动目标，了解活动的意义和社会价值；（2）满足基本需要追求成长需要；（3）建立适当的期望水平，进行正确的评价；（4）正确指导对成败进行积极归因；（5）适当组织竞赛；（6）营造成功的氛围，提高自我效能感；（7）充分利用反馈信息，妥善进行奖惩；（8）培养良好的心理品质。

第二节　培养动机正确性的方法

确定明确适当的活动目标，了解活动的意义和社会价值，有助于激发外部动机，调动活动积极性。周恩来正是在"为中华崛起而读书"的高尚动机激励下，成为一代伟人，为祖国和人民鞠躬尽瘁，死而后已。

目标是对一定活动结果的追求或追求一定的活动结果。在学习活动中，既要有总体的学习目标，也要有阶段性的具体目标。构建由大（远景）、中（中景）、小（近景）目标组成的学习目标体系。通过近景性目标实现，去进一步追求中景性目标，最后达成远景性目标。如此逐步深化，便可使动机长期发挥作用。

一个人如果缺少奋斗目标，会失去前进的正确动力，就会懒懒散散地混日子，做一天和尚，撞一天钟。一个人要是没有计划，就会盲目行动。同学们都不愿无所作为吧？大多数同学也许都确立了学习目标。有了目标只是学业成功的第一步。重要的是要有一个能达到目标的切实可行的计划，这是你迈向成功的阶梯。

初一（3）班的王磊同学，自打进入初中以来，视野一下了打开了。头脑里也冒出了许许多多的志向，一会儿想当科学家，一会儿要做文学家，一会儿又要成音乐家……他一会儿研究数学，时间不长就觉得枯燥乏味；一会又研究文学，读了不少文学创作理论的书籍，但就是写不出东西来。他就这样东一榔头西一斧子，一年下来一事无成，学习成绩还掉了一大截。他自己心里也很着急，不知如何是好。

"有志者事竟成。"的确每一次成功都是从"立志"开始的。"立志"就是确定目标，但仅有"志"还不够，还必须有相应的达到"志"的具体方案，即计划。中国有句古话："凡事预则立，不预则废"。意思是做任何事情，如果事先就有个计划，就能达到预期的目标；如果事先没有计划，就会导致失败。同学们的学习也一样，只有制订一个切实可行的学习计划，才能为学习的成功打下基础。所谓学习计划是指为实现一定的学习目标预先拟定的学习方案、步骤与措施。

根据不同的学习目标，可以有不同的计划类型。根据不同学科的特点可以制订出外语、数学、语文学习等计划。根据课堂学习的要求可以制订出课前预习、听课、课后复习计划等。根据学习时间长短不同，可以制订长期计划（如学年、学期学习计划）、中期计划（如月、单元学习计划）和短期计划（如周、日学习计划）。

怎样才能制订好学习计划，激发学习动机呢?

● 目标明确，重点突出。在制订学习计划时应该统筹兼顾，既要定出某一学习阶段明确的目标，安排好学习、实践、娱乐、休息的时间表，又要对自身学习的薄弱环节和知识学习的重点予以重视和时间上的保障。

● 实事求是，合理安排。学习目标不能过高或过低，时间安排不能过死。学习计划的制订要考虑到自身现有的知识和能力水平、学习时间总量与自由支配时间的比例，以及教师教学速度的安排等。尤其要使所定计划具有一定的机动性，以适应主客观情况的变化。

● 学科交替，脑体结合。制订学习计划时要考虑大脑活动的规律，安排好文、理交叉，脑体结合，这样有利于大脑神经细胞功能的充分发挥，同时这种转换能使脑细胞得以"轮休"，养精蓄锐，以逸待劳，使大脑潜能得到有效地发挥。

● 自觉性与灵活性相结合。自觉地去执行自己拟订好的计划，严格按照时间计划表学习，建立有效的自我约束机制，评定调控机制，奖励与惩罚机制，把学习计划落到实处。在计划时间安排上要有一定的机动性、灵活性，以适应各种难以预料的变化。

活动 7.1

活动项目：制订一学期的学习计划。

活动目标：提高动机的正确性。

活动材料：结合你自己的实际情况，制订一份一学期的学习计划。

姓名：

日期：第_____周

学校：

年级：

学习目标：_____。

时间进度：

第1周：_____。

第2周：_____。

第3周：_____。

第4周：_____。

第5周：_____。

……

你保证以上计划得以顺利实施的措施：

(1)_____。

(2)_____。

(3) _____。

(4) _____。

……

活动过程：根据要求，制订一学期的学习计划，包括学习目标、时间进度、实施措施等。

活动要求：明确动机的正确性、长远性和指向性。（10分钟）

学习提示：注意计划的合理性、科学性与可操作性。

第三节　培养动机长远性的方法

通过及时表扬，给予必要的批评，可以培养动机的长远性。但必须坚持多奖少惩的原则，能不惩就尽量不惩。

● 及时表扬。表扬是对某种行为及其结果的肯定。在学习活动中，对成绩好的学习者，不仅要他们知道自己的成功，还要表扬、奖励他们，以引起愉快情绪，对有效的学习活动产生强化作用。

● 必要批评。批评是对某种行为及其结果的否定。在学习活动中，对学习不好的学习者，不仅要使他们知道自己的失败，还要批评、惩罚他们，以引起苦闷的情绪，对低效的学习活动产生抑制作用，从而寻找高效的学习活动的方法。心理学实验证明，无论表扬或批评，对于激励学习者的学习动机都有好处，但表扬的效果优于批评。

第四节　培养动机稳定性的方法

建立适当的期望水平，进行正确的评价，是提高动机稳定性的有效方法。以此来发挥动机的维持和强化的作用。

● 建立适当的期望水平。期望亦称期待、预期，是人们对自己或他人行为结果的某种预测性认知。在学习中的期望，一般不外乎这么四种情况：一是期望过高。过高的期望往往难以达到，以致学习者丧失信心、降低学习积极性。二是期望过低。过低的期望容易得到满足，也会削弱学习动机，对学习不利。三是期望模糊，在此种情况下，学习者也会缺乏动力，以致得过且过、敷衍塞责。四是期望适当。这对激发学习动机、提高学习效果是最有利的，应当予以特别重视。

● 给予正确的评价。评价是对所期望的行为结果作出的一种判断。学习中的评价，同期望相对应，也有四种情况，即过高、过低、模糊与适当。一般地说，前三种情况有削弱学习动机的作用；只有适当的评价，才会有助于激发学习动机、提高学习效果。

● 进行合理归因。根据维纳的成败归因理论，学会进行内部可控的积极归因，可以保持动机水平的稳定性，从而提供源源不断的学习动力。例如：把自己活动的成功归因为努力，可以预期，只要今后继续努力，还可以成功，因此今后还会继续努力；把自己活动的失败归因为不够努力，可以预期，只要今后加大努力程度，就有可能获得成功，因此今后也会加大自己努力的程度。

第五节　培养动机有效性的方法

培养动机的有效性，一是要及时提供反馈信息，二是要适当组织竞赛，三是培养良好的心理品质。让动机不仅起到激活的作用，而且作用持久稳定，具有强大的效能。

● 及时反馈。反馈是对达到了的一定活动结果的了解或了解已达到的一定活动结果。及时反馈即及时了解学习结果能激发学习者的学习积极性，从而提高其学习的效率与效果。

● 适当地组织竞赛。适当地组织个人竞赛和团体竞赛，有助于调动学习者的积极性，从而使其不断克服困难、争取完成学习任务并获得优良成绩。有助于加强合作学习，激发每位学习者的学习积极性。

● 培养良好的心理品质。研究与实践活动表明，学习需要、学习兴趣、学习热情、学习意志、自信心、责任心、学习目的、学习理想等，都可以转化为内部学习动机，成为推动、维持、调控人们学习活动的内在力量。因此，培养这些良好的心理品质，对形成、调动内部学习动机是必不可少的重要方法。

第六节　培养动机的基本方法

影响活动动机的因素包括内部因素与外部因素：内部因素包括个体的生长成熟、年龄特征、兴趣爱好、意志品质、志向水平、智力发展水平、思想品德等等；外部因素包括各种客观条件，如诱因、环境条件、群体气氛等。因此，培养动机的方法也是多种多样的，但基本方法主要有：

● 确定明确适当的活动目标，了解活动的意义和社会价值。

● 满足基本需要，追求成长需要。

● 建立适当的期望水平，进行正确的评价。

● 正确指导对成败进行积极归因。

● 适当组织竞赛。

● 营造成功的氛围，提高自我效能感。

- 充分利用反馈信息，妥善进行奖惩。
- 培养良好的心理品质。

本章要点

- 动机是指激起人去行动或抑制这个行动的愿望和意图，是一种推动人的行为的内在原因。
- 动机的品质主要包括正确性、长远性、稳定性和有效性四方面的品质。
- 动机的正确性是指动机符合现实要求的程度和水平。以此为标准，可以把动机划分为正确的、高尚的动机与错误的、卑俗的动机两类。
- 动机的长远性是指向活动目的的远大或近小的程度和水平。以此为标准，可以把动机划分为近景性动机（直接的短近动机）与远景性动机（间接的远大动机）两类。
- 动机的稳定性是指动机持续时间的长短、久暂的程度和水平。以此为标准，可以把动机划分为稳定的动机与不稳定的动机两类。
- 动机的有效性是指动机对活动所起作用的大小与正负的程度和水平。以此为标准，可以把动机划分为有效的动机和无效的动机两类。
- 动机的功能：（1）激发功能；（2）指向功能；（3）维持功能；（4）强化功能。
- 动机培养的一般方法：（1）确定明确适当的活动目标，了解活动的意义和社会价值；（2）满足基本需要追求成长需要；（3）建立适当的期望水平，进行正确的评价；（4）正确指导对成败进行积极归因；（5）适当组织竞赛；（6）营造成功的氛围，提高自我效能感；（7）充分利用反馈信息，妥善进行奖惩；（8）培养良好的心理品质。

思考与练习

活动1：

　　活动项目：看名人的作息时间表谈感受。

　　活动目标：提高动机的正确性、稳定性、长远性和有效性。

　　活动材料：看看革命前辈王若飞在法国时的作息时间表，你有什么想法？

王若飞的作息时间表

时间	活动
5：00：	起床
5：30～6：30：	读书
7：00～11：30：	做工
11：30～12：30：	午餐

时间	活动
12：30～13：00；	阅读
13：00～13：30；	去工厂
13：30～17：00；	做工
17：30～18：00；	晚餐
18：30～21：00；	读书
21：30后；	睡眠

我的感想是：_____

_____

_____

活动过程：根据要求，认真思考。

活动要求：写出感想和启示。（10分钟）

学习提示：注意深刻体会。

活动2：

活动项目：制订周学习计划。

活动目标：提高动机的正确性和有效性。

活动材料：结合自己的实际情况，请你制订一份周学习计划。

姓名：

日期：

学习目标：_____

具体计划：

周一：_____

周二：_____

周三：_____

周四：_____

周五：_____

周末：_____

保证计划顺利实施的措施：

（1）_____

（2）_____

（3）_____

（4）_____

(5) _____。
(6) _____。
(7) _____。
(8) _____。
......

活动过程：根据要求，详细制订一周的学习计划。

活动要求：明确动机的正确性和有效性，重点注意学习目标、具体计划和实施措施三环节的安排。（10 分钟）

学习提示：注意科学性、合理性与可操作性。

活动 3：

活动项目：制订日学习计划。

活动目标：提高动机的正确性、稳定性和有效性。

活动材料：结合你自己的实际情况，制订一份一天的学习计划。

姓名：

日期：_____年_____月_____日

年级：

学习目标：_____。

时间安排：

（　　　　　）起床

（　　　　　）上课

（　　　　　）午休

（　　　　　）上课

（　　　　　）课外活动

（　　　　　）看电视

（　　　　　）上互联网

（　　　　　）做作业

（　　　　　）锻炼

（　　　　　）自由活动

（　　　　　）睡觉

你能把这个计划严格执行下去吗？怎样执行？

_____
_____
_____
_____。

活动过程：根据要求，制订一天的学习计划。

活动要求：明确动机的正确性、稳定性和有效性，重点把握好学习目标、时间安排和具体的活动规划。（10 分钟）

学习提示：注意科学性、合理性与可操作性。

相关文献链接

● 燕国材.非智力因素与学习［M］.上海：上海教育出版社,2006：第一章,第二章.

● 周文.青少年智力开发与训练全书·非智力因素培养（上、下）［M］.哈尔滨：黑龙江人民出版社,2001.

第 八 章

Chapter 8

青少年兴趣的培养

本章学习结束时教师能够：

- 能举例说明兴趣的类型、品质和主要规律
- 能运用兴趣测量技术对学生的兴趣进行测评
- 能运用兴趣的有关方法对兴趣进行培养

第一节　兴趣的基本概念与原理

测验 8.1

兴趣小测验[①]

下面有108道题，每道题都有5个备选答案，请根据自己的实际情况，在题目后面圈出相应字母，每题只能选择一个答案。

A——很符合自己的情况；B——比较符合自己的情况；C——很难说；D——较不符合自己的情况；E——很不符合自己的情况。

1. 研究地球各大洲的地理概况。　　　　　　　　　　　A　B　C　D　E
2. 经常查阅外文辞典。　　　　　　　　　　　　　　　A　B　C　D　E
3. 特别爱看历史题材的电影和戏剧。　　　　　　　　　A　B　C　D　E
4. 爱与数字打交道。　　　　　　　　　　　　　　　　A　B　C　D　E
5. 喜欢分析经济与政治的关系。　　　　　　　　　　　A　B　C　D　E
6. 认真看世界名画集。　　　　　　　　　　　　　　　A　B　C　D　E
7. 喜欢收集好的录音带或唱片。　　　　　　　　　　　A　B　C　D　E
8. 自觉写日记。　　　　　　　　　　　　　　　　　　A　B　C　D　E
9. 羡慕用动物做实验的生物学家们。　　　　　　　　　A　B　C　D　E
10. 阅读介绍牛顿、爱因斯坦、普朗克、薛定谔等物理学家的文章、书籍。　　　　　　　　　　　　　　　　A　B　C　D　E
11. 熟悉国际体育比赛的成绩记录。　　　　　　　　　　A　B　C　D　E
12. 设法在家里搞些化学小实验。　　　　　　　　　　　A　B　C　D　E
13. 阅读有关著名地理学家生活与活动的文章。　　　　　A　B　C　D　E
14. 注意看外文广告或说明书。　　　　　　　　　　　　A　B　C　D　E
15. 如果组织历史兴趣小组，我一定积极报名。　　　　　A　B　C　D　E
16. 阅读趣味数学的书籍。　　　　　　　　　　　　　　A　B　C　D　E
17. 关心社会时事新闻。　　　　　　　　　　　　　　　A　B　C　D　E
18. 了解各种美术流派的特点。　　　　　　　　　　　　A　B　C　D　E
19. 会演奏乐器。　　　　　　　　　　　　　　　　　　A　B　C　D　E
20. 对世界文学名著爱不释手。　　　　　　　　　　　　A　B　C　D　E
21. 经常观察动、植物的生长变化。　　　　　　　　　　A　B　C　D　E
22. 关心物理学方面的新发现。　　　　　　　　　　　　A　B　C　D　E
23. 深夜的体育比赛实况转播也不愿放过。　　　　　　　A　B　C　D　E

---

① 车宏生，张美兰.心理测量——读人的科学[M].北京:北京师范大学出版社,2001:156-163.

青少年智力因素开发与非智力因素培养

114

24. 一上化学实验课就特别高兴。　　　　　　　A B C D E
25. 阅读有关世界各国的文化、经济、国家制度方面的
　　书籍。　　　　　　　　　　　　　　　　　A B C D E
26. 喜欢收集一些外国的纪念品。　　　　　　　A B C D E
27. 常用历史上发生过的事情与现实做对照。　　A B C D E
28. 很佩服那些数学上有造诣的人。　　　　　　A B C D E
29. 阅读政治性的理论读物。　　　　　　　　　A B C D E
30. 知道不少世界著名画家的名字、作品和生平。A B C D E
31. 很喜欢随音乐打节拍。　　　　　　　　　　A B C D E
32. 善于查阅字典、辞典和文学资料索引。　　　A B C D E
33. 读有关著名生物学家生平的书籍。　　　　　A B C D E
34. 认为物理学对推动科学技术发展起重要作用。A B C D E
35. 喜欢参加某些项目的体育活动和竞赛。　　　A B C D E
36. 常把化学知识用到日常生活中。　　　　　　A B C D E
37. 对大自然和自己故乡的地理环境很感兴趣。　A B C D E
38. 读初级外文小说。　　　　　　　　　　　　A B C D E
39. 爱收听广播中的历史故事。　　　　　　　　A B C D E
40. 爱作数学图形、图表。　　　　　　　　　　A B C D E
41. 愿与别人就不同价值观进行讨论。　　　　　A B C D E
42. 自己画的图画常得到老师或他人的赞扬。　　A B C D E
43. 能熟练地阅读乐谱。　　　　　　　　　　　A B C D E
44. 常校正别人讲话中的不正确语音和错别字。　A B C D E
45. 熟悉若干种动、植物的生活、生长习性和特点。A B C D E
46. 喜欢用力学知识去解释生活中的实际问题。　A B C D E
47. 希望能受到体育教师或教练的专门指导。　　A B C D E
48. 想知道化学学科的发展史和发展趋势。　　　A B C D E
49. 常读地质勘探方面的文艺作品或科普读物。　A B C D E
50. 常购买外语课外读物。　　　　　　　　　　A B C D E
51. 能正确说出重大历史事件发生的时间。　　　A B C D E
52. 当一项任务要用到数学知识时，马上就会产生兴趣。A B C D E
53. 社会上发生的事件会引起自己的深思，有自己的见解。A B C D E
54. 常在手边的本子上信手画一些漫画或其他小图案。A B C D E
55. 有十分喜爱的歌曲和乐曲。　　　　　　　　A B C D E
56. 尝试着写一些故事或诗歌。　　　　　　　　A B C D E
57. 爱做一些解剖生物的小实验。　　　　　　　A B C D E

58. 很重视物理实验课。 A B C D E

59. 熟悉我国著名运动员的名字和专长。 A B C D E

60. 认为从事化学分析工作很有意思。 A B C D E

61. 在旅行中对地形地貌很感兴趣。 A B C D E

62. 爱看外国原版影片，认为对提高外语水平很有帮助。 A B C D E

63. 游览名胜古迹时，常仔细研究那些碑文、古诗而流连
忘返。 A B C D E

64. 曾是或很想成为数学兴趣小组的成员。 A B C D E

65. 常看有关各国政治的评论文章。 A B C D E

66. 爱看美术展览。 A B C D E

67. 会定乐器的音调。 A B C D E

68. 能正确地分析同义词和反义词。 A B C D E

69. 喜欢采集一些昆虫和植物标本。 A B C D E

70. 很愿意参加物理知识竞赛。 A B C D E

71. 重视日常的体育锻炼。 A B C D E

72. 遇到化学难题，哪怕花很长时间也要把它解出来。 A B C D E

73. 能正确地说明地球的经度对时差的影响。 A B C D E

74. 常收听外语广播讲座。 A B C D E

75. 关心世界各国的历史。 A B C D E

76. 喜爱解答复杂的动脑筋的数学题。 A B C D E

77. 对哲学问题感兴趣。 A B C D E

78. 爱画墙报和黑板报的插图和刊头。 A B C D E

79. 熟悉不少著名歌唱家的演唱风格。 A B C D E

80. 喜欢阅读诗集。 A B C D E

81. 曾参加或想参加生物兴趣小组。 A B C D E

82. 如果组织物理兴趣小组，一定积极报名。 A B C D E

83. 爱穿运动衫裤。 A B C D E

84. 听说一个问题与化学知识有关，立刻增添了兴趣。 A B C D E

85. 熟知不少国家的地理位置。 A B C D E

86. 愿结识几位能用外语会话的朋友，相互学习。 A B C D E

87. 喜爱参观历史博物馆。 A B C D E

88. 运算速度常比别人快。 A B C D E

89. 在讲话中，常会用到若干政治术语。 A B C D E

90. 注意别人的画图技法、技巧。 A B C D E

91. 积极参加文艺演出活动。 A B C D E

92. 对词语和成语的产生感兴趣。　　　　　　　A　B　C　D　E
93. 积极关心和支持生态保护。　　　　　　　　A　B　C　D　E
94. 爱安装和修理收音机、电视机等电器。　　　A　B　C　D　E
95. 对自己的强健体魄感到自豪。　　　　　　　A　B　C　D　E
96. 如组织化学知识竞赛将积极报名参加。　　　A　B　C　D　E
97. 组织各种外出考察活动，其中如有地理考察，将积极
　　报名参加。　　　　　　　　　　　　　　　A　B　C　D　E
98. 重视自己所学外语的语音和语调。　　　　　A　B　C　D　E
99. 爱读历史方面的书籍。　　　　　　　　　　A　B　C　D　E
100. 很愿意参加各种数学竞赛。　　　　　　　　A　B　C　D　E
101. 积极参与社会或集体的活动。　　　　　　　A　B　C　D　E
102. 作郊游或旅行的写生画。　　　　　　　　　A　B　C　D　E
103. 注意收看电视、收听广播中的音乐节目。　　A　B　C　D　E
104. 看有关文艺的评论文章。　　　　　　　　　A　B　C　D　E
105. 喜爱饲养小动物和栽培植物。　　　　　　　A　B　C　D　E
106. 在日常生活中，注意联系所学物理学知识。　A　B　C　D　E
107. 经常看报纸上的体育专栏。　　　　　　　　A　B　C　D　E
108. 关心化学方面的新成就。　　　　　　　　　A　B　C　D　E

评分与评价：

请根据下面的学科与题号对应表，统计你所圈各个字母的次数，圈一个A得5分、B得4分、C得3分、D得2分、E得1分。

学科与题号对应表

学科	地理	外语	历史	数学	政治	美术	音乐	语文	生物	物理	体育	化学
	1	2	3	4	5	6	7	8	9	10	11	12
	13	14	15	16	17	18	19	20	21	22	23	24
	25	26	27	28	29	30	31	32	33	34	35	36
	37	38	39	40	41	42	43	44	45	46	47	48
题号	49	50	51	52	53	54	55	56	57	58	59	60
	61	62	63	64	65	66	67	68	69	70	71	72
	73	74	75	76	77	78	79	80	81	82	83	84
	85	86	87	88	89	90	91	92	93	94	95	96
	97	98	99	100	101	102	103	104	105	106	107	108

这样就能得到各个学科的得分，然后从学科兴趣的得分评价表上了解自己对各学科感兴趣的程度。

把各学科的得分相互比较，能找出自己最感兴趣的和最不感兴趣的学科，并可以排出学科兴趣的次序。

如果自己大多数学科都属于较感兴趣和很感兴趣的话，则表明你热爱学习，把学习看成一种乐趣。如果各学科的得分相差悬殊，则表明你的学科兴趣倾向性很明显。如果自己大多数学科都属于兴趣一般或不感兴趣的话，则表明你缺乏学习热情，应该检查自己的学习态度。

评价表

39 分以上	很感兴趣
32～38 分	较感兴趣
21～31 分	一般
14～20 分	不大感兴趣
13 分以下	很不感兴趣

学生的学科兴趣是在学习、生活中逐渐形成的，有的人自测结果与自认为喜爱的学科并不完全一致，这并不奇怪。因为自测题是从被测者比较稳定的兴趣趋向出发的，而自认为喜爱的学科则很容易受教育和个人能力的影响。如这门学科的教师教得很生动，或这门学科对自己来说比较容易学。相反，不感兴趣的学科可能是由于教师教得不好或自己难以掌握等因素影响。所以，要更确切地认识自己对各学科感兴趣的状况，最好把自己自测结果与自己平时的感觉综合起来作判断。清楚认识自己的学科兴趣，有助于确定今后的学习目标和方向。学习者应该以特别感兴趣的学科作为自己今后选择深造的专业或职业。在选择接受高等教育的专业时，可以利用上面的自测结果，决定究竟选文科还是理科。12 门学科中，数学、物理、化学、生物属于理科科目，语文、历史、地理、政治属于文科科目。可以把这 8 门学科的得分代入公式计算：$LST = \sum LM - \sum SM$。

在公式中，LST 代表文理科适应倾向，$\sum LM$ 代表文科得分之和，$\sum SM$ 代表理科得分之和。文理科适应倾向是根据上式的差值范围进行判断的：76 分以上为明显文科型；28～75 分之间为偏文科型；27～-27 分之间为文理无偏型（中间型）；-75～-28 分之间为偏理科型；-76 分以下为明显理科型。

当然，我们还需要正确对待自己不感兴趣的学科。虽然生活中的许多事可以凭兴趣行事，可是在学习中一般不允许这么做。不能因对某些学科不感兴趣就不认真学习了，这是因为中学阶段所学的都是基础课程，各学科之间有着紧密的联系，各学科知识，对一个青少年的文化素质、心理素质、身体素质的提高都是不可缺少的。同时，应该看到，学习者不擅长的学科往往就是不感兴趣的学科，而且不擅长常常是由于对其不感兴趣造成的。要提高不擅长学科的成绩，可以在学习过程中经常把不感兴趣学科的作业放在前面完成，这是一个从心理上改变态度，提高收效的重要方法。如果要变不感兴趣的学科为感兴趣的学科，还可以采用"暗示疗法"。学习不感兴趣的学科时，应暗暗在心里鼓励自己说："只要干，就能成功"，"相信吧，我肯定会学好的"，这样将激励你勇敢地迎着困难，信心十足地完成学习任务。

核心概念与重要原理

兴趣是指个体积极认识、探究某种事物、从事某种活动的积极态度和心理倾向。

有趣是兴趣发展的初级水平，它往往是由某些外在的新异现象所吸引而产生的直接兴趣。其基本特点是：随生随灭，为时短暂，可称为情境兴趣。

乐趣是兴趣发展的中级水平，它是在有趣的基础上逐步定向而形成的。其基本特点是：基本定向，为时较长，可称为稳定兴趣。

志趣则是兴趣发展的高级水平，它与崇高的理想和远大的奋斗目标相结合，是在乐趣的基础上发展起来的。其基本特点是：积极自觉，终身不变，可称为志向兴趣。

直接兴趣是指人们对事物或活动本身的兴趣。

间接兴趣是指对活动的目的或结果的兴趣。

中心兴趣是指对某一方面的事物或活动有着极浓厚而又稳定的兴趣。

广阔兴趣是指对多方面的事物或活动具有的兴趣。

兴趣的品质包括倾向性、广阔性、稳定性与有效性四种。

兴趣的倾向性即对什么发生兴趣，是指兴趣趋向什么事物或活动。以此为标准，可以划分为物质兴趣和精神兴趣、内在兴趣和外在兴趣、高尚兴趣和卑俗兴趣。

兴趣的广阔性即兴趣的范围，是指兴趣范围的大小或内容丰富性的程度。以此为标准，可以划分为广阔兴趣与单一兴趣。

兴趣的稳定性即兴趣的稳定程度，是指兴趣持续时间的长短久暂。以此为标准，可以划分为稳定兴趣与动摇兴趣。

兴趣的有效性即兴趣所产生的推动人的活动的力量，是指兴趣作用的大小即效能性水平。以此为标准，可以划分为有效兴趣与无效兴趣。

学生学习兴趣的培养措施：（1）提高认识，培养兴趣；（2）掌握知识，激发兴趣；（3）通过实践，发展兴趣；（4）通过加强学习效果的反馈来培养学生的学习兴趣。

兴趣的培养措施：（1）要促进学生的兴趣从有趣到乐趣再到志趣发展；（2）要做好直接兴趣与间接兴趣彼此交替、相互转化工作；（3）要注意使中心兴趣与广阔兴趣相结合；（4）要珍惜好奇心，增强求知欲，提高兴趣水平，并促使好奇心尽快地向求知欲发展；（5）处理好兴趣与勤奋的关系。

兴趣的培养方法：（1）热爱大自然，丰富自己的生活；（2）发展情感，培养乐趣；（3）培养理想，形成志趣；（4）把直接兴趣与间接兴趣结合起来；（5）培养好奇心与求知欲；（6）学习活动要变化得当；（7）合理运用兴趣转移规律。

第二节　兴趣倾向性与稳定性的培养

被誉为"昆虫世界的荷马"的法国著名昆虫学家法布尔，从小就喜欢与昆虫做伴，他对昆虫的兴趣简直到了痴迷的地步。有一次他走路时，偶然发现许多蚂蚁正齐心协力搬运几只死苍蝇。他马上趴在泥地里，拿出放大镜，专心研究起蚂蚁来。汗水浸透了他的全身，手脚都麻木了，他却一点都不在意，整整观察了四个小时。有一次，他为了观察蜣螂（一种昆虫）的活动，爬到一棵果树上，直到树下传来"抓小偷"的吼叫声，他才从昆虫王国的迷梦中惊醒。由于法布尔对昆虫怀有强烈的兴趣，他才入迷地研究，写出了十大卷巨著《昆虫记》。

杨涛是初二（3）班的学生，身材瘦小，体质较弱，毫无体育兴趣，一提体育课就头疼，上体育课时无精打采，推三阻四，体育课成绩总是他评三好生的拦路虎。但杨涛对数学却有浓厚的兴趣，学习积极性很高，上数学课时他情绪高涨，眉飞色舞，不仅成绩突出，而且还得过市里的竞赛奖呢！由此可见，兴趣对学习起着非常重要的作用。古语说的"知之者不如好知者，好知者不如乐知者"就是这个道理。

怎样才能培养兴趣的倾向性和稳定性，从而产生浓厚的兴趣呢？

●热爱生活，用你的好奇心探索周围世界。生活中充满了各种神秘事物，我们的周围潜藏着各种奥秘，激发起你的好奇心和探索兴趣。

●"重要"是兴趣之源。如果你认识到一件事情对你是非常重要的，你就会要求自己去做它，而且要把它做好。上面的杨涛同学应该认识到，即使数学再好，要是身体不好，成天吃药、打针，躺在病床上，很难成为数学家，也不可能对社会有所贡献。

●利用原有兴趣的迁移。你原来也许有各种各样学科以外的兴趣，如养小动物、当英雄、做歌星、当体育健将、开飞机的兴趣等。要注意把这些兴趣转移到学习上来，学好各门文化课。

●尽情体验成功的乐趣。同学们的掌声、喝彩，老师的一个肯定的目光，一次理想的考试成绩，对你都是很重要的，你要细细回味。成功之后的喜悦情感，会让你对所做的事情更有兴趣，催人不断向前。

活动 8.1

活动项目：喜欢课程的门类。

活动目标：提高兴趣的倾向性和稳定性。

活动材料：你喜欢哪些课程？不喜欢哪些课程？为什么？

我喜欢的课程：_____

_____。

我喜欢的原因：_____

_____。

我不喜欢的课程：_____

_____。

我不喜欢的原因：_____

_____。

活动过程：根据要求，具体分析喜欢的课程及其原因，不喜欢的课程及其原因。

活动要求：明确兴趣的倾向性和稳定性。（10分钟）

学习提示：注意科学性和完整性。

活动 8.2

活动项目：课外兴趣及其作用。

活动目标：提高兴趣的倾向性和稳定性。

活动材料：你在课外有些什么兴趣？为什么会有这些兴趣？它们对你的学习有什么帮助吗？

我的课外兴趣是：_____

_____。

课外兴趣产生的原因是：_____

_____。

对我学习的帮助是：_____

_____。

活动过程：根据要求，具体分析课外兴趣及其产生的原因，课外兴趣的作用。

活动要求：明确兴趣的倾向性、广阔性和稳定性。（10分钟）

学习提示：注意体悟和感受。

第三节　兴趣广阔性与有效性的培养

　　青少年在学习过程中，随着课程门类的增多，学习难度增大，学习中出现一种现象：一些同学在某些科目上兴趣较大，相应花的时间和精力也较多；而对另一些科目则缺乏兴趣，努力不够，成绩也不理想。常听青少年朋友这样说："我只喜欢语文，今后我要去圆我的文学梦，什么数理化靠边站吧！"有的说："语文算什么，都是死记硬背，学好数理化才是真本事！"还有的说："学好数理化，走遍天下都不怕。"由此看来，初中学生学习中的偏科现象较为普遍。所谓"偏科"就是学生在学习中对有的学科爱学、愿学，而对另外一些学科则怕学、不愿学的现象。

为什么会产生偏科现象呢？影响学生偏科的因素很多，有的是由认识偏差造成，如"英语都是些死记硬背的东西，我又不出国，没兴趣学"。有的是由学习习惯造成的，有的同学习惯了小学那套以记忆为主的学习方式，而对数学、物理等以抽象思维为主，重在理解的学科缺乏必要的知识和心理准备，因而对这些学科由不会学到怕学到厌学。有的是由兴趣造成的，中学生已经产生了一定的学科兴趣，但往往属于直接兴趣，这种兴趣所产生的动力作用并不稳定持久，因此常听到中学生对某学科爱学是因为"好玩，够刺激"。还有的是由于对教师的不同态度造成的，例如，常听有的同学说："我不喜欢某老师，他的课我不想学。"

学生一旦形成了偏科现象，如不及时纠正，不但会严重影响自己全面系统地掌握学科知识，而且会给中考、高考这样的选拔性考试带来严重的不良影响。学习上的偏科就好比是饮食中的偏食一样，偏食的人必然会缺乏身体成长发育所必需的多种微量元素和营养，肯定会影响身体健康。偏科的人可能会在某些学科上学得好一些，但对其他学科可能就会知之甚少或一知半解，会破坏知识学习的系统性和联系性，导致畸形发展。

怎样才能克服学习偏科呢？

● 要确立正确的学习目的。学校所开设的各种科目都存在其必要性，有其开设的根据，目的是促进学生更好地发展，因此学生要明确目的，端正学习态度，学好各门功课。

● 要了解学科特点，正确对待。不同学科都有各自的特点，如语文、英语这些语言学科的学习，必然会有一定的机械性，使得需要记忆的内容多一些，但语文学习是其他学科学习的重要基础，学好了语言，才能更好地理解、表达、运用其他学科的知识，也才能更好地从外界获取各种信息。

● 要培养间接兴趣。要在学习过程中对不同学科都形成比较浓厚的学习兴趣，更重要的是把指向学科学习过程、方式的直接兴趣转化为对学科学习结果的间接兴趣，提高对每一学科的认识，从而产生强烈的学习欲望和动力。

● 尽量排除外界不良因素的干扰，理智对待。如有的同学偏科是由于不喜欢该学科的授课老师，或者与该学科授课老师发生矛盾，产生了"恶其人者憎其骨"的不良心理造成的。要把"知识"与"老师"分开，你进学校的目的是学老师传授的知识，而不是知识之外的其他东西。因此请记住，与教师赌气，可能会带来不愉快的情绪体验，如果进一步演化成与知识怄气的话，那将遗患无穷，也许到头来会误了自己的一生。

活动 8.3

活动项目：喜欢某些学科的原因及其学习计划的安排。

活动目标：提高兴趣的倾向性、广阔性和有效性。

活动材料：请写出你所喜欢的学科，并分析为什么喜欢？对这些学科你是怎样安排学习计划的？

（1）我喜欢的学科：_____

_____。

（2）我喜欢的理由：_____

_____。

（3）我的学习计划：_____

_____。

活动过程：根据要求，具体分析喜欢的学科、喜欢的原因及其学习计划。

活动要求：明确兴趣的广阔性和有效性。（10分钟）

学习提示：注意科学性、合理性与可操作性。

活动 8.4

活动项目：不喜欢的学科、原因及其对策。

活动目标：提高兴趣的广阔性和有效性。

活动材料：请写出你不喜欢的学科，并分析为什么不喜欢？你今后的对策是什么？

（1）我不喜欢的学科：_____

_____。

（2）我不喜欢的理由：_____

_____。

（3）我今后的对策：_____

_____。

活动过程：根据要求，具体分析不喜欢的学科、不喜欢的原因及其对策。

活动要求：明确兴趣的广阔性和有效性。（10分钟）

学习提示：注意科学性、合理性与可操作性。

活动 8.5

活动项目：偏科的危害及避免偏科的措施。

活动目标：提高兴趣的广阔性和有效性。

活动材料：在你的学习中存在偏科现象吗？如果有，请列举它的危害。并谈谈你将如何避免偏科。

偏科的危害：＿＿＿＿＿＿＿＿＿＿＿＿＿＿＿＿＿＿＿＿＿＿＿＿＿＿＿＿＿

＿＿＿＿＿＿＿＿＿＿＿＿＿＿＿＿＿＿＿＿＿＿＿＿＿＿＿＿＿＿＿＿＿＿＿＿

＿＿＿＿＿＿＿＿＿＿＿＿＿＿＿＿＿＿＿＿＿＿＿＿＿＿＿＿＿＿＿＿＿＿＿＿

＿＿＿＿＿＿＿＿＿＿＿＿＿＿＿＿＿＿＿＿＿＿＿＿＿＿＿＿＿＿＿＿＿＿＿。

避免偏科的措施：＿＿＿＿＿＿＿＿＿＿＿＿＿＿＿＿＿＿＿＿＿＿＿＿＿＿＿

＿＿＿＿＿＿＿＿＿＿＿＿＿＿＿＿＿＿＿＿＿＿＿＿＿＿＿＿＿＿＿＿＿＿＿＿

＿＿＿＿＿＿＿＿＿＿＿＿＿＿＿＿＿＿＿＿＿＿＿＿＿＿＿＿＿＿＿＿＿＿＿＿

＿＿＿＿＿＿＿＿＿＿＿＿＿＿＿＿＿＿＿＿＿＿＿＿＿＿＿＿＿＿＿＿＿＿＿。

活动过程：根据要求，具体分析偏科的危害及避免偏科的对策。

活动要求：明确兴趣的广阔性和有效性。（10分钟）

学习提示：注意科学性、合理性与可操作性。

第四节　培养兴趣的一般方法

爱因斯坦有一句名言："兴趣是最好的老师。"兴趣不是天生的，它是在人的成长过程中产生和发展起来的，这就要求青少年在学习活动和日常生活中注意培养自己的兴趣。影响兴趣产生和发展的因素很多，如曾经获得过成功的事物或活动、有成功希望的事物或活动、符合自身能力水平的活动、能带来愉快感的事情、新奇的事物、好奇心、求知欲等等。培养兴趣的方法很多，基本方法主要有：

● 热爱大自然，丰富自己的生活。兴趣产生于认识需要。要培养和激发兴趣，就要丰富自己的物质生活和精神生活。变幻莫测，奥妙无穷的大千世界，会极大地激发好奇心和探索兴趣。

● 发展情感，培养乐趣。兴趣是与情感特别是愉快感相联系的，可以说，没有愉快感就无所谓兴趣。众所周知，人生来就具有愉快感，但这只是一种原始的、低级的情绪，必须创设条件，使其不断发展和提高。只有把兴趣置于此种高级的愉快感的基础上，才能养成稳定的乐趣。

● 培养理想，形成志趣。志趣是人的兴趣与远大理想相结合的产物。一个胸怀大志、具有远大理想的学习者，他才会养成稳固而深厚的志趣；反之，一个胸无大志、缺乏理想的学习者，他就无志趣可言。因此，在学习中，学习者就必须树立奋斗目标、确立远大理想，把兴趣与理想、志向结合起来，不要为兴趣而兴趣，甚至使兴趣庸俗化。

● 把直接兴趣与间接兴趣结合起来。在学习中，这两种兴趣随着学习难易、繁简的变化，它们也会相互转换、彼此交替。一般地说，繁难的学习要求间接兴趣积极参与，而简易的学习要求直接兴趣发挥作用。因此，学习者应当善于把繁杂而困难的学习内容同简单而容易的加以交替，以便让两种兴趣在学习中轮流地发挥作用。这样，就一定可以促进兴趣的发展。

● 培养好奇心与求知欲。兴趣是在好奇心与求知欲的基础上发展起来的。好奇心往往是兴趣的先导。新奇的内容、新奇的结构、新奇的功能、新奇的方法等，都能引起人的好奇，进而激发人的求知欲，再诱发人的兴趣。对科学知识的热爱、对真理的追求、对缺乏可靠论断的怀疑、对尚不理解的问题的探索等，都是求知欲的表现。求知欲可以直接导向兴趣，旺盛的求知欲必然会引发广泛而深刻的兴趣。所以学习者要发展自己的兴趣，就应当从发展好奇心与求知欲下手。

● 学习活动要变化得当。心理学研究与学习实践经验反复证明了这么两条原则：第一，凡是单调死板的活动，会使人感到枯燥，甚至昏昏欲睡；第二，凡是变化过多的活动，又会使人穷于应付，反而降低兴趣。据此，在学习活动中，为了培养学习兴趣，就应当让学习内容与方法作适当变化，但又不能变得过多和过于频繁。

● 合理运用兴趣转移规律。兴趣是可以转移的，在培养兴趣时，要合理运用兴趣转移规律。如把对娱乐的兴趣巧妙地转移到学习活动上来。

本章要点

● 兴趣指个体积极认识、探究某种事物、从事某种活动的积极态度和心理倾向。

● 兴趣的品质包括倾向性、广阔性、稳固性与有效性四种。

● 兴趣的倾向性即对什么发生兴趣，是指兴趣趋向什么事物或活动。以此为标准，可以划分为物质兴趣和精神兴趣、内在兴趣和外在兴趣、高尚兴趣和卑俗兴趣。

● 兴趣的广阔性即兴趣的范围，是指兴趣范围的大小或内容丰富性的程度。以此为标准，可以划分为广阔兴趣与单一兴趣。

● 兴趣的稳定性即兴趣的稳定程度，是指兴趣持续时间的长短久暂。以此为标准，可以划分为稳固兴趣与动摇兴趣。

● 兴趣的有效性即兴趣所产生的推动人的活动的力量，是指兴趣作用的大小即效能性水平。以此为标准，可以划分为有效兴趣与无效兴趣。

● 兴趣的培养方法：（1）热爱大自然，丰富自己的生活；（2）发展情感，培养乐趣；（3）培养理想，形成志趣；（4）把直接兴趣与间接兴趣结合起来；（5）培养好奇心与求知欲；（6）学习活动要变化得当；（7）合理运用兴趣转移规律。

思考与练习

活动：

活动项目：职业兴趣测量。①

活动目标：认识自己的职业兴趣，为今后的职业选择做准备。

活动材料：

下面各道题，请根据自己的实际情况，作出回答。符合的，则把该问题后面的"是"圈起来；难以回答的，则把"?"圈起来；不符合的，则把"否"圈起来。

R

1. 你曾经将钢笔全部拆散加以清洗并能独立地将它装配起来吗？ 　　是 ? 否

2. 你会用积木搭出许多造型吗？或小时候常拼七巧板吗？ 　　是 ? 否

3. 你在中学里喜欢做实验吗？ 　　是 ? 否

4. 你喜欢尝试着做一些木工、电工、金工、钳工、修钟表、印照片等其中的一件或几件事情吗？或你对织毛线、绣花、剪纸、裁剪等很感兴趣吗？ 　　是 ? 否

5. 当你家里有些东西需要小修小补时（诸如窗子关不严了，锁上而忘带钥匙了，凳子坏了，衣服不合身了等），常常是由你做的吗？ 　　是 ? 否

6. 你常常偷偷地去摸弄不让你摸弄的机器或机械吗（诸如打字机、摩托车、电梯、机床等）？ 　　是 ? 否

7. 你觉得身边有一把镊指钳或老虎钳等，就会有许多便利吗？ 　　是 ? 否

8. 看到老师傅在做活，你能很快地、准确地模仿吗？ 　　是 ? 否

I

1. 你对电视或单位里的智力竞赛很有兴趣吗？ 　　是 ? 否

2. 你经常到新华书店或图书馆翻阅图书（文艺小说除外）吗？ 　　是 ? 否

3. 你常常会主动地去做一些有趣的习题吗？ 　　是 ? 否

4. 你总想要知道一件新产品或新事物的构造或工作原理吗？ 　　是 ? 否

5. 当同学或同事不会做某一道习题来请教你时，你能给他讲清楚吗？ 　　是 ? 否

6. 你常常会对一件想知道但又无法详细知道的事物想象出它将是什么或将怎么变化吗？ 　　是 ? 否

7. 看到别人在为一个有趣的难题讨论不休时，你会加入进去

① 车宏生,张美兰.心理测量——读人的科学[M].北京:北京师范大学出版社,2001:173-181.

吗？或者即使不加入进去，你也会一个人思考很久，直到你觉得解决了为止吗？　是　？　否

8. 看推理小说或电影时，你常常试图在结果出来以前分析出谁是罪犯，并且这种分析时常和小说或电影的结果相吻合吗？　是　？　否

A

1. 你对戏剧、电影、文艺小说、音乐、美术等其中的一两个方面较感兴趣吗？　是　？　否

2. 你常常喜欢对文艺界的明星评头论足吗？　是　？　否

3. 你曾参加过文艺演出或写过诗歌、短文被墙报或报刊采用，或参加过业余绘画训练吗？　是　？　否

4. 你喜欢把自己的住房布置得优雅一些而不喜欢过分豪华而拥挤吗？　是　？　否

5. 你觉得你能较准确地评价别人的服装、外貌以及家具摆设等的美感如何吗？　是　？　否

6. 你认为一个人的仪表美主要是为了表现一个人对美的追求而不是为了得到别人的赞扬或羡慕吗？　是　？　否

7. 你觉得工作之余坐下来听听音乐、看看画册或欣赏戏剧等，是你最大的乐趣吗？　是　？　否

8. 遇到有美术展览会、歌星演唱会等活动，常常有朋友来约请你一起去吗？　是　？　否

S

1. 你常常主动给朋友写信或打电话吗？　是　？　否

2. 你能列出五个你自认为够朋友的人吗？　是　？　否

3. 你很愿意参加学校、单位或社会团体组织的各种活动吗？　是　？　否

4. 你看到不相识的人遇到困难时，能主动去帮助他，或向他表示你同情与安慰的心情吗？　是　？　否

5. 你喜欢去新场所活动并结交新朋友吗？　是　？　否

6. 对一些令人讨厌的人，你常常会由于某种理由原谅他、同情他、甚至帮助他吗？　是　？　否

7. 有些活动，虽然没有报酬，但你觉得这些活动对社会有好处，就积极参加吗？　是　？　否

8. 你很注意你的仪容风度，这主要是为了让人产生良好的印象吗？　是　？　否

E

1. 你觉得通过买卖赚钱，或通过存银行生利息很有意思吗？　是　？　否

2. 你常常能发现别人组织的活动的某些不足，并提出建议让他们改进吗？　　　　　　　　　　　　　　　　　　　　　　　是　？　否

3. 你相信如果让你去做一个个体户，一定会发财致富吗？　　是　？　否

4. 你在读书时曾经担任过某些职务（诸如班干部、课代表、卫生员等）并且自认为干得不错吗？　　　　　　　　　　　　　是　？　否

5. 你有信心去说服别人接受你的观点吗？　　　　　　　　　是　？　否

6. 你的心算能力较强，不对一大堆的数字感到头疼吗？　　　是　？　否

7. 做一件事情时，你常常事先仔细考虑它的利弊得失吗？　　是　？　否

8. 在别人跟你算账或讲一套理由时，你常常能换一个角度考虑，而发现其中的漏洞吗？　　　　　　　　　　　　　　　　　是　？　否

C

1. 你能够用一两个小时坐下来抄写一份你不感兴趣的材料吗？　是　？　否

2. 你能按领导或老师的要求尽自己的能力做好每一件事吗？　是　？　否

3. 无论填报什么表格，你都非常认真吗？　　　　　　　　　是　？　否

4. 在讨论会上，如果不少人已经讲的观点与你的不同，你就不发表自己的观点了吗？　　　　　　　　　　　　　　　　　是　？　否

5. 你常常觉得在你周围有不少人比你更有才能吗？　　　　　是　？　否

6. 你喜欢重复别人已经做过的事情而不喜欢做那些要自己动脑筋摸索着干的事吗？　　　　　　　　　　　　　　　　　　是　？　否

7. 你喜欢做那些已经很习惯了的工作，同时最好这种工作责任性小一些，工作时还能聊聊天，听听歌曲等吗？　　　　　　　是　？　否

8. 你觉得将非常琐碎的事情整理好，或由于你的工作，使有些事情能日复一日地运转很有意思吗？　　　　　　　　　　　　是　？　否

计分与评价：

试卷分 R、I、A、S、E、C 六项，分别统计得分，每圈一个"是"记 2 分，每圈一个"？"记 1 分，圈"否"的为 0 分。依照各项得分的高低将它们排列。

R 代表实际性职业，是指那些要求有一定技能技巧的职业，通俗地讲就是类似于技术工一类的职业。

I 代表研究性职业，是指那些要求有一点钻研精神的职业，即从事科学研究、科学技术工作的职业。

A 代表艺术性职业，是指那些要求有一点艺术素养的职业，即与音乐、美术、影视、戏剧、文学等与美感直接或间接有关的职业。

S 代表社会性职业，是指那些直接为他人服务，为他人谋福利或与他人建立和发展各种关系的职业。

E 代表企业性职业，是指那些为直接获得经济效益而活动的职业，如经营管

理、产供销以及财务等方面的职业。

C代表普通性职业，是指那些需按照既定要求工作的、比较简单而又比较刻板的职业，如办公室事务员，非技术操作工等职业。

一个人在某一方面的兴趣，不是有或者没有的问题，而是哪方面高些，哪方面低些的问题。同时，一些具体职业对兴趣的要求也常常是多方面的。在做了测验以后，我们可以根据得分情况，对照职业兴趣分类表，来看一看我们的兴趣情况与哪些职业的特点比较吻合。首先，得分最高的方面是自己兴趣倾向比较明确的方面，在选择职业时，可倾向于考虑那些以这一字母打头的职业。其次，把得分最高的三个兴趣类别的字母按顺序列出来，再查表。凡是以相同字母打头的，后两个字母相同（后两个字母排列顺序可以不一样）的那些职业，就是基本上符合你兴趣倾向的职业。

限于篇幅，表中所列的只是一些代表性职业，你可以据此类推出一些相应的职业来。这里特别要强调一点，你感兴趣的职业不一定只有一个，绝大多数时候是许多个，你应该将他们都选出来，然后根据自己的能力、个性以及其他方面的情况再加以考虑，选择出几个合适的职业，并在就业或填报志愿时排出对它们考虑的顺序来。

职业兴趣分类表

职业名称	兴趣指标
社会科学研究者	ISA
医生	ISC
自然科学研究者、工程师	IAR
工程技术设计人员	IRA
法官、律师	SIC
文科教师	SAC、SEC
理科教师	SIC、SRC
行政管理人员	SIC
采购员、推销员、公共关系人员	SEI
护士、服务员	SCR
营业员、售票员	SEC
警察	SCR
勤杂工	SC
理论家、新闻工作者、作家、画家	ASI
演员、歌星、乐队演奏者	AIC
图案、美术、装潢、广告设计	AIR

职业名称	兴趣指标
美容师、理发师	ARI
技术员、海员、飞行员	RCI
驾驶员、军人	RCS
工程技术制图人员	RIC
电工、木工	RIS
描图员	RAC
精密检验员	RCE
电器仪表修理工	RIE
中西式裁缝、工艺品制作人员	RAI
缝纫、编织工	RAC
机床操作工、装配工、自动流水线操作工	RCI
铸造工、锻工	RC
业务性企业管理人员	EIS
财会人员	ECS
个体工商业者、专业户	ESI
计算机人员	CIR
打字员、誊写员、排版工	CRA
简单检验员	CSE
建筑工、市政工	CRS
简单体力劳动工	C

活动过程：根据要求，具体进行测验。

活动要求：明确职业兴趣取向。（30分钟）

学习提示：注意认真细致，客观真实。

相关文献链接

● 燕国材.非智力因素与学习[M].上海：上海教育出版社,2006：第三章.

● 周文.青少年智力开发与训练全书·非智力因素培养（上、下）[M].哈尔滨：黑龙江人民出版社,2001.

青少年智力因素开发与非智力因素培养

130

第九章

Chapter 9

青少年情感的培养

本章学习结束时教师能够：
- 能举例说明情感及其主要规律
- 能运用情感测量技术对学生的情感进行测评
- 能运用情感的有关方法对情感进行培养

第一节　情感的基本概念与原理

测验 9.1

情绪小测验①

下面有 30 道题，请根据自己的实际情况，作出回答。符合的，则把该问题后面的"是"圈起来；难以回答的，则把"?"圈起来；不符合的，则把"否"圈起来。做这个测验不必多加思考。要求用 10 分钟左右的时间完成，每题只能选择一个答案。

1. 我从未患过梦游症（即"睡行症"，指睡着时起来走路）。　　是　?　否
2. 我从未因病而休假半年以上时间。　　是　?　否
3. 如果在工作时有人跑来打扰我，我就会感到很恼火。　　是　?　否
4. 我几乎每天都会遇到一些难以处理的事情。　　是　?　否
5. 在最近一次学习新知识或技巧时，我感到很有信心。　　是　?　否
6. 我时常会被一些事情所激怒。　　是　?　否
7. 要是遭到别人侮辱，我的心情将久久不会平息，过了好多天仍不能忘记。　　是　?　否
8. 我感到自己的生活是丰富的，并不单调。　　是　?　否
9. 通常我很容易入睡，并且睡得很好。　　是　?　否
10. 我是个容易害羞的人。　　是　?　否
11. 要是知道有人恨我，我也不放在心上。　　是　?　否
12. 我有时会莫名其妙地感到欢乐或悲哀。　　是　?　否
13. 我常常在应当着手做书面工作时，沉浸在幻想之中。　　是　?　否
14. 最近五年来我从未做过噩梦。　　是　?　否
15. 我在搭乘电梯、穿马路或站在高处时会感到恐惧。　　是　?　否
16. 遇到紧急事情时，我总能够冷静地处理好。　　是　?　否
17. 在日常生活中，我是个感情用事的人。　　是　?　否
18. 我很少担心自己的健康问题。　　是　?　否
19. 我清楚地记得去年有哪些人经常给我造成麻烦。　　是　?　否
20. 读书阶段，如果没有家庭作业和考试，我就不会主动去学习。　是　?　否
21. 最近 5 年内，我在工作或学习时，从来没有感到过空虚茫然。　　是　?　否
22. 在过去一年中我遇到过三个以上对我不友好的人。　　是　?　否
23. 在我的一生中，我能够达到我所希望达到的目标。　　是　?　否

---

① 邹庆祥,高德建,顾天祯.心理:自测与训练[M].上海:上海科学技术出版社,1989:32-34.

24. 看到别人做出怪异的行为，我总是很难忍受。　　　　是　？　否

25. 自杀是荒唐的，我从未动过自杀的念头。　　　　　　是　？　否

26. 我常常感到不快乐。　　　　　　　　　　　　　　　是　？　否

27. 这两年，我从未泻过肚子。　　　　　　　　　　　是　？　否

28. 通常情况下，我很有自信心。　　　　　　　　　　是　？　否

29. 我完全有理由相信自己有办法像多数人一样轻松地处理日常生活事情。　　　　　　　　　　　　　　　　　　　　　　　　　是　？　否

30. 最近一个月里，我几次服用过镇静剂或安眠药。　　是　？　否

记分与评价：

1、2、5、8、9、11、14、15、16、18、21、23、25、27、28、29 小题，每圈一个"是"记 2 分；每圈一个"？"记 1 分；每圈一个"否"不得分。3、4、6、7、10、12、13、17、19、20、22、24、26、30 小题，每圈一个"是"记 0 分；每圈一个"？"记 1 分；每圈一个"否"记 2 分。将你在各题上的分数相加，算出总分。根据总分来查下面的"评价表"，就可以知道你的情绪稳定程度。

评价表

总分	情绪稳定性	行为特征
0～11	不稳定	情绪过敏，内心困扰，心境波动大
12～23	不大稳定	情绪常波动、内心时有困扰
24～36	中等	介于情绪过敏与情绪稳定之间
37～48	较稳定	情绪很少波动，有较稳定的态度和行为
49～60	很稳定	稳重、成熟、自信、理智、镇定

核心概念与重要原理

情绪与情感是指以需要为中介的人对客观事物和对象所持的态度体验。

情绪是指较低级的情感形式，它一般与人的生理需要相联系，其主要表现形式有激情、心境和应激，统称为情绪状态。

情感是指一种高级社会性情感，它与人的社会需要相联系，持续的时间较长，外部表现不太明显，其主要表现形式有理智感、道德感和审美感。

心境是指一种使人的所有情绪体验都感染上某种色彩的、较持久而又微弱的情绪状态。

激情是指一种强烈而又短促的情绪状态。

应激是指出乎意料的紧张的情景所引起的情绪状态。

道德感是指个人用社会公认的道德准则，感知、比较与评价自己和他人的行为举止时，所体验到的一切情感。

美感是人对客观事物和对象美的特征的体验。

理智感是人对认识活动的成就进行评价时，产生的态度体验。

焦虑是指一个人对当前或预计到的对自尊心有潜在威胁的情境中所产生的一种类似担忧的反应倾向。

情商（EQ）即情绪智慧，是指一种调控自己情绪的能力，使自己能有合乎智慧的行为表现。

提高情商（EQ）水平措施：（1）应教育学生学会认识自己的情绪；（2）要引导学生妥善地管理自己的情绪；（3）引导学生自我激励；（4）学会认知与判断他人的情绪；（5）学会人际关系的管理与处理，提高社交能力。

调适情绪、消除消极情感措施：（1）要矫正使学生产生消极情感的那些糊涂观念；（2）不要简单禁止，应善于疏导；（3）对学生不要臆测、歧视，不要损伤他们的自尊心和人格；（4）要加强正面教育，利用其积极的情绪；（5）应辅导青少年扩大胸襟。

青少年积极情感的培养：（1）要帮助学生通过学习活动逐步使情绪向情操发展，同时又要保持和激发积极的情绪状态，以巨大的热情去学习；（2）要让学生明确学习目的，培养合理需要，以利于形成高尚的情操，从而使自己的需要受其支配和调节；（3）在学习过程中不断提高学生的认识，培养学习热情，丰富他们的情感体验；（4）要帮助学生学会用理智支配情感，做情感的主人，以克服消极的情感，防止它们对学习活动产生阻抑作用。

培养情感的基本方法：（1）以知育情；（2）以情育情；（3）以意育情；（4）以行育情；（5）以境育情。

第二节　应对考试焦虑

测验 9.2

考试焦虑测验①

考试焦虑自我检查。下面有 33 道题，每道题都有 4 个备选答案，请根据自己的实际情况选择，每题只能选择一个答案。

A——很符合自己的情况；B——比较符合自己的情况；C——较不符合自己的情况；D——很不符合自己的情况。

1. 在重要考试的前几天，我就坐立不安了。　　　　　　　A B C D

2. 临近考试时，我就泻肚子。　　　　　　　　　　　　A B C D

3. 一想到考试即将来临，身体就会发僵。　　　　　　　A B C D

---

① 车宏生,张美兰.心理测量——读人的科学[M].北京:北京师范大学出版社,2001:95-98.

4. 在考试前，我总感到苦恼。　　　　　　　　　A　B　C　D

5. 在考试前，我感到烦躁，脾气变坏。　　　　　A　B　C　D

6. 在紧张的复习期间，常会想到："这次考试要是得了坏分数怎么办?"　　　　　　　　　　　　　　　　　　　A　B　C　D

7. 越临近考试，我的注意力越难集中。　　　　　A　B　C　D

8. 一想到马上就要考试了，参加任何娱乐活动都感到没劲。　A　B　C　D

9. 在考试前，我总预感到这次考试将要考坏。　　A　B　C　D

10. 在考试前，我常做关于考试的梦。　　　　　　A　B　C　D

11. 到了考试那天，我就不安起来。　　　　　　　A　B　C　D

12. 当听到开始考试的铃声响了，我的心马上紧张得急跳起来。

　　　　　　　　　　　　　　　　　　　　　　A　B　C　D

13. 遇到重要的考试，我的脑子就变得比平时迟钝。　A　B　C　D

14. 看到考试题目越多、越难，我越感到不安。　　A　B　C　D

15. 在考试中，我的手会变得冰凉。　　　　　　　A　B　C　D

16. 在考试时，我感到十分紧张。　　　　　　　　A　B　C　D

17. 一遇到很难的考试，我就担心自己会不及格。　A　B　C　D

18. 在紧张的考试中，我却会想些与考试无关的事情，注意力集中不起来。　　　　　　　　　　　　　　　　　　A　B　C　D

19. 在考试时，我会紧张得连平时记得滚瓜烂熟的知识也回忆不起来。　　　　　　　　　　　　　　　　　　　　A　B　C　D

20. 在考试中，我会沉迷在空想中，一时忘了自己是在考试。　A　B　C　D

21. 在考试中，我想上厕所的次数比平时要多。　　A　B　C　D

22. 考试时，即使不热，我也会浑身出汗。　　　　A　B　C　D

23. 在考试时，我紧张得手发僵，写字不流畅。　　A　B　C　D

24. 考试时，我经常会看错题目。　　　　　　　　A　B　C　D

25. 在进行重要考试时，我的头就会痛起来。　　　A　B　C　D

26. 发现剩下的时间来不及做完全部考题，我就急得手足无措、浑身大汗。　　　　　　　　　　　　　　　　　　A　B　C　D

27. 如果我考了个坏分数，家长或教师会严厉地指责我。　A　B　C　D

28. 在考试后，发现自己懂得的题没有答对时，就十分生自己的气。　　　　　　　　　　　　　　　　　　　　　A　B　C　D

29. 有几次在重要的考试之后，我腹泻了。　　　　A　B　C　D

30. 我对考试十分厌烦。　　　　　　　　　　　　A　B　C　D

31. 只要考试不记成绩，我就会喜欢进行考试。　　A　B　C　D

32. 考试不应当在现在这样的紧张状态下进行。　　A　B　C　D

33. 要是不进行考试，我就能学到更多的知识。　　　　　A　B　C　D

记分与评价：

统计得分，选A得3分、B得2分、C得1分、D得0分。用下列公式可以算出你的总得分：总分＝3×选A的次数＋2×选B的次数＋选C的次数

根据你的总分查下表，就可以知道你的考试焦虑水平。

评价表

总分	考试焦虑水平
0～24	镇定
25～49	轻度焦虑
50～74	中度焦虑
75～99	重度焦虑

　　施文是高二（3）班的同学，自从上了高中以来，每次考试前他总是觉得心烦意乱，坐卧不安，不思茶饭，紧张心悸，失眠多梦。脑海中总是出现考不好被父母责骂，被同学耻笑的情形，这其实就是考试焦虑的表现。

　　如果说考试就如同运动员的比赛一样，那么高中生可算得上是一名身经百战的老运动员了。但类似施文同学的体验，可能相当一部分同学或多或少地有过。其实，考试前的紧张和考试中的紧张这是很正常的事情，对学习没有紧张感，学习起来就干劲不足，效果不好；适当的紧张能充分调动人的能量，全身心地投入到学习中。当然，如果紧张过了头，则会严重干扰学习和考试的效果，甚至使考试无法进行。那么考试焦虑是怎样产生的？

　　●考试焦虑与个人认识事物的角度有关。考试焦虑的同学，最先想到的是万一考砸后的可怕后果。任何事物都有正反两个方面，考试的结果也有好与不好之分。考试紧张的同学往往只想到"万一不好"这一结果，而且越想越可怕，越怕就越想，陷入恶性循环之中。这种片面认识走向了极端，最后得出错误的逻辑结论"我肯定会考砸，完了，一切都完了！"

　　●考试焦虑与个人的自我评价有关。考试焦虑重的同学往往认为，一旦自己考砸了，必然会遭到别人的嘲笑，证明自己无能，今后无颜面对江东父老。其实，现实并不像你想象的那么可怕，即使你这次考砸了，一次考试并不能证明你的实际能力，别人也不一定会如你所想的嘲笑你，你的朋友会安慰你，你的老师会鼓励你，你的家长会谅解你。即使就像你想象的那样考砸了，又能怎么样呢？人哪个不会有点闪失？这次考砸了还有下一次，只要能客观正确地评价自己，找到自己失败的真正原因，通过不懈努力，就能重新证明自己的能力。

　　●考试焦虑与个人看待考试的意义有关。考试焦虑的同学往往把一次普普通通的考试看得很重，把它推到关乎自己的前途、命运、荣誉的高度。认为一旦考

砸了，一切都完了，他们信奉"金榜题名，身价倍增；名落孙山，一文不值；胜者为王，败者为寇"的信条。其实这是一种认识偏差，天无绝人之路，天生我材必有用，三百六十行，行行出状元。只要自己努力，条条大路通罗马。此外，考试焦虑还与个人的健康状况、知识能力、应试技巧、抱负水平等有关。虽然这些理由可能是真正存在的，但大多数是我们自己想象出来吓唬自己的偏见，因此我们自己必须要找到有效的办法来克服它。

怎样才能战胜考试焦虑呢？当你在考试前或考试中被过分紧张的情绪所困扰时，你应该怎么办？

● 进行自我反思。一定要反省自己究竟怕什么？这种怕有无根据？并从相反的角度来认识问题。如对"考砸了我就一切都完了"，你可以对自己说："大不了以后再考"。

● 适当降低抱负水平。不要把自己框入"我一定要是前几名"，如果你总是把自己定在 90 分以上，考到 89 分对你来说也是一种打击；如果你把它定在 80 分，只要你考了 81 分，你就得到了慰藉。不要用自己的短处去和别人的长处相比，只要你已经努力了，你就可以对自己说"我已经尽力了，我比上不足，比下有余"。

● 进行提高自信的训练。对考试结果的担心是考试焦虑的核心，因此重要的是把担心变为信心，一个人如何看待自己，在一定程度上决定了他的未来。

● 进行放松训练。紧张和放松是相对抗的反应，若做到全身心放松，就能明显缓解考试紧张。

第三节　培养情感的一般方法

影响情感形成和发展的因素很多，主要有需要、认知和环境条件。培养积极情感的方法也是多种多样，基本方法有：

● 以知育情。情感是以认识为基础而形成的。一般地说，认识正确，情感也会正确；认识错误，情感也会错误；认识深刻，情感也会深刻；认识肤浅，情感也会肤浅。因此，学习者必须提高认识，为培养情感打下深厚的认识基础。

● 以情育情。这有两方面的涵义：一是对教育者来说，要用健康的情感去培养健康的情感，而绝对避免用不健康的情感去影响受教育者；二是利用积极的情感去克服消极的情感。学习者应当清楚地了解自身有哪些情感是积极的、健康的，与之对应的又有哪些消极的、不健康的情感，然后才能针锋相对，用积极克服消极。

● 以意育情。情感是可以用意志来加以调控的。一般地说，意志坚强者，就会使自己成为情感的主人；反之，意志软弱者，就会使自己成为情感的奴隶。因此，学习者应当锻炼意志，提高自我调控能力，以抗御各种不良的情绪诱因，从而享受一种健康的情感生活。

● 以行育情。情感是在人的行为、行动中表现和形成的。一般地说，人的活动多种多样，其情感生活也就会丰富多彩；反之，人的活动贫乏单调，其情感生活也就会枯燥乏味。据此，学习者在学习活动之余，必须积极参加各种社会的、科技的、体育的、艺术的活动，使自己在多样化的实践活动中反复体验感受，以丰富情感生活、提高情感品质。

● 以境育情。人的情感总是在一定的情境中产生和发展的。一般说来，欢乐的情境会使人欢乐，悲哀的情境会使人悲哀；健康的情境会使人产生健康的情感，不健康的情境会使人的情感也不健康。所以，学习者应当善于安排适当的情境，以便使自己能愉快地学习、健康地生活，从而产生愉快的情感，过着健康的情感生活。

本章要点

● 情绪与情感是指以需要为中介的人对客观事物和对象所持的态度体验。
● 心境是指一种使人的所有情绪体验都感染上某种色彩的、较持久而又微弱的情绪状态。
● 激情是指一种强烈而又短促的情绪状态。
● 应激是指出乎意料的紧张的情景所引起的情绪状态。
● 道德感是指个人用社会公认的道德准则，感知、比较与评价自己和他人的行为举止时，所体验到的一切情感都属于道德感。
● 美感是人对客观事物和对象美的特征的体验。
● 理智感是人对认识活动的成就进行评价时，产生的态度体验。
● 情商（EQ）即情绪智慧，是指一种调控自己情绪的能力，使自己能有合乎智慧的行为表现。
● 培养情感的基本方法：（1）以知育情；（2）以情育情；（3）以意育情；（4）以行育情；（5）以境育情。

思考与练习

活动1：

活动项目：与想象的可怕的考试结果进行辩论。

活动目标：缓解、消除考试焦虑。

活动材料：请就下面陈述（1）和（2）进行反驳，并形成合理的观念。例如："如果我考砸了，就证明我太笨了"。

反驳："不对，我的脑袋并不笨，如果我笨，我的初中为什么会很辉煌，我的其他科目为什么会考得好？这一次可能是我的学习方法不对，可能是我的努力程度不够，可能是我近期身体不太好。"心理学研究表明，一个人学习成绩的好坏，除了受智力因素的影响外，更重要的是受非智力因素的影响，即使我的智力很一般，只要有良好的学习习惯，加上努力、勤奋，我也能"勤能补拙"。心理学研究还表明，人只把自己大脑的不到10％的潜能加以利用，我只要找到自己的突破口，发挥自己的潜能，我肯定能考好的。不要自寻烦恼了，我相信爱迪生说的"天才是99分汗水加1分的灵感"。只要我肯干加巧干，我一定会成功的。

合理观念：如果我这次考砸了，并不能证明我太笨了。只要我从现在起就努力、勤奋、刻苦，改进学习方法，我一定会成功的。

(1) 如果我考砸了，我就没有脸见父母了。

积极反驳：_____

_____

_____

_____ 。

合理观念：_____

_____

_____ 。

(2) 如果我考砸了，我就一切都完了。

积极反驳：_____

_____

_____

_____ 。

合理观念：_____

_____

_____ 。

(3) 如果我考砸了，同学们一定会瞧不起我。

积极反驳：_____

_____

_____

_____

合理观念：_____

_____

_____

_____

_____。

　　活动过程：认真学习例子，分别针对"如果我考砸了，我就没有脸见父母了"、"如果我考砸了，我就一切都完了"、"如果我考砸了，同学们一定会瞧不起我"进行积极反驳，并形成合理观念。

　　活动要求：记下反驳和合理观念的具体内容。（20分钟）

　　学习提示：注意合理情绪疗法。

活动2：

　　活动项目：放松训练。

　　活动目标：缓解情绪，降解焦虑。

　　活动材料：放松训练要在一个安静的场所进行，最好房间里没有其他人，房内光线不要过于明亮，白天最好拉上窗帘，一个人静坐沙发上。在放松训练前，将手表、眼镜等饰物取下，将皮带、领带等解开，闭上眼睛，以一种自己认为最舒服的姿势坐好。可进行头部放松、手臂放松、躯干放松、腿部放松等全身放松，这里仅就躯干放松作简单介绍：

　　①双肩向前内并拢，紧张胸部肌肉，然后放松。

　　②抬起肩头，触及双耳，使肩部紧张，10秒钟后放松。

　　③向后扩双肩，使背部肌肉紧张，然后放松。

　　④弯下腰收紧下部肌肉，然后放松。

　　⑤尽量抬高双腿，然后放松。

　　⑥收紧臀部，10秒后放松。

　　活动过程：全身放松过程。

　　活动要求：认真做动作，细心体会效果。（10分钟）

　　学习提示：注意放松技术的关键：紧张——坚持——放松。

相关文献链接

● 燕国材.非智力因素与学习［M］.上海：上海教育出版社,2006:第四章.

● 周文.青少年智力开发与训练全书·非智力因素培养（上、下）［M］.哈尔滨：黑龙江人民出版社,2001.

青少年智力因素开发与非智力因素培养

第 十 章

青少年意志的培养

本章学习结束时教师能够：

- 能举例说明意志品质及其主要规律
- 能运用意志测量技术对学生的意志进行测评
- 能运用意志的有关方法对意志进行培养

第一节　意志的基本概念与原理

意志力小测验①

下面有26道题，请你根据自己的实际情况选择，每题只能选择一个答案。

A——很符合自己的情况；B——比较符合自己的情况；C——很难回答；D——不大符合自己的情况；E——很不符合自己的情况。

1. 我很喜爱长跑、远足、爬山等体育运动，但并非我的身体适应这些运动，而是因为它们能锻炼我的体质和毅力。　A B C D E

2. 我给自己定的计划，常常因为主观原因不能如期完成。　A B C D E

3. 如没有特殊原因，我每天都按时起床，从不睡懒觉。　A B C D E

4. 我的作息没有规律性，经常随心所欲地变化。　A B C D E

5. 我信奉"凡事不干则罢，要干就干成"的格言，并身体力行。　A B C D E

6. 我认为做事不必太认真，做得成就做，做不成就算了。　A B C D E

7. 我认为重要的事就积极去做，而不在于对这件事的兴趣。　A B C D E

8. 有时我躺在床上，下决心第二天要干一件重要的事，可到第二天这种劲头就消失了。　A B C D E

9. 在学与玩冲突时，即使玩非常有吸引力，我也会决定马上去学习。　A B C D E

10. 我常因看电视或读卡通书，而不能按时入睡。　A B C D E

11. 我下决心办成的事（如练长跑），不论遇到什么困难（如腰酸腿痛），都能坚持下去。　A B C D E

12. 我在学习和课外活动中遇到困难，首先想到的是问问别人怎么办。　A B C D E

13. 我能长时间做一件重要但枯燥无味的活动。　A B C D E

14. 我的兴趣多变，做事常常是"这山望着那山高"。　A B C D E

15. 我决定做一件事时，常常说干就干，决不拖延。　A B C D E

16. 我做事喜欢捡容易的先做，难的则能拖就拖，拖不了

---

① 周文.青少年智力开发与训练全书·非智力因素培养(下)[M].哈尔滨:黑龙江人民出版社,2001:326-329.

就赶完了事。 A B C D E

17. 对于别人的意见，我从不盲从，总喜欢自己判断。 A B C D E

18. 凡是比我强的人，我都不大怀疑他们的意见。 A B C D E

19. 遇事我喜欢自己拿主意，当然也不排斥听取别人的建议。

A B C D E

20. 生活中遇到复杂情况时，我常常举棋不定，拿不了主意。

A B C D E

21. 我不怕做从未做过的事，也不怕一个人独立去做重要的事，我认为这是锻炼意志的好机会。 A B C D E

22. 我生来胆小，从不敢做无把握的事。 A B C D E

23. 我与同学、朋友、家人相处，很能克制自己，从不无缘无故发脾气。 A B C D E

24. 在与别人争吵时，我有时明知自己不对，却忍不住要说些过头话，强词夺理。 A B C D E

25. 我希望做个坚强、有毅力的人，因为我深信"有志者事竟成"。 A B C D E

26. 我相信运气，有时它的作用大大超过人的努力。 A B C D E

评分与评价：

（1）凡单号数的题目（1、3、5、…），A、B、C、D、E 依次为 5、4、3、2、1 分；（2）凡双号数的题目（2、4、6、…），A、B、C、D、E 依次为 1、2、3、4、5 分。

评价表

总分	意志力
110 以上	意志力十分坚强
91～110	意志力较坚强
71～90	意志力一般
51～70	意志力比较薄弱
50 以下	意志力十分薄弱

核心概念与重要原理

意志是指在认识和变革现实的过程中，人自觉地确定目的，有意识地根据目的、动机调节支配行动，努力克服困难，实现目标的心理过程。

决心是意志过程的第一个阶段，下定决心主要表现在以下两方面：一是确定行动的目的；二是选择达到目的的行动方法和方式。

信心是意志过程的第二个阶段，信心的树立主要取决于三个因素，即活动的结果、他人的态度和自我评价。

恒心是意志过程的第三个阶段，恒心的确立主要在于两点：一是要善于抵制不符合行动目的的主观因素的干扰；二是要善于持久地维持已经开始的符合目的的行动。

意志品质包括自觉性、坚持性、果断性和自制性。

意志的自觉性是指对行动的目的有深刻的认识，能自觉地支配自己的行动，使之服从于活动目的的品质。

意志的坚持性是指坚持不懈地克服困难，永不退缩的品质。

意志的果断性是指迅速地、不失时机地采取决定的品质。

意志的自制性是指善于管理和控制自己情绪和行动的品质。

意志品质的培养措施：（1）加强学习目的动机教育，树立正确的观念；（2）严格管理，养成自觉遵守纪律的习惯；（3）在行动中锻炼，增强克服困难的毅力；（4）针对个别差异，培养优良的意志品质；（5）提高学生的思想觉悟，加强意志的自我锻炼。

意志品质培养的基本方法：（1）从小事做起；（2）从平时做起；（3）从现在做起；（4）从我做起；（5）加强说服教育。

第二节　意志自觉性的培养

《伊索寓言》里有这么一则寓言：说的是父子俩赶着一头驴子上集市去卖，先听到一个姑娘批评他们，让驴子闲着却让人走路，父亲觉得有道理，就让儿子骑上；走了一会，又听到一位老汉批评他们，儿子骑驴却让父亲走路，不像话，儿子听了也觉得有理，便换了父亲骑上；又走了一会，再听一位妇女批评老子骑驴儿子走路，他们只好父子俩一起骑；又往前走了一段，一青年批评父子俩虐待牲口，说："还不如你们抬着驴走"，父子俩也觉得在理，于是就抬着驴走，来了个"驴骑人"。过桥时，驴子看到了水中自己的影子，一阵惊慌，乱踢乱挣，结果掉进河里淹死了，两父子落了个财物两空，坐在河边唉声叹气……

这个故事说明一个人要是没有自己的主见，盲目听从别人就会遭到失败。

吴影同学是初三（2）班的学生。放学后只要有人叫就去打游戏、上网吧等，一直要到天黑才回家。回家后总要父母催问："作业做了没有？""预习了没有？"

"复习了没有?""明天的课本、作业本准备好了吗?"他才会像"石磨"一样慢慢悠悠地转起来,完全是被动的"要我学",结果可想而知。对学习毫无兴趣,只能消极应付,得过且过!

怎样才能加深对行动目的的认识,自觉地支配自己的行动,使之服从于活动目的,从而提高青少年学习活动的自觉性呢?

● 要制订一个符合实际的学习计划。这是自觉学习的重要前提。同学们定好预习、复习、作业和课余活动计划。做到心中有数,劳逸结合。

● 要培养学习兴趣。通过知识的掌握与应用,了解其价值,如对自己说:"我掌握了这些知识,我就能……"以此来激发自己的学习兴趣。

● 要克服依赖心理。我们已不是三、五岁的小孩,事事都得父母包办代替,一切都得"等"、"靠"、"要",我们已长大许多,应该自加压力,主动学习。父母可以催促你去学习,但是永远不可能替你学习,自己的路还得自己走。

● 要培养自己的意志力。当特别想玩又没有做好功课时,自己强迫自己中断想玩的念头,不要老等着父母来催促,告诉自己学习是自己的事情,理当自己去完成。自己独立完成当然不会很轻松,因此需要你有坚强的意志品质。

活动 10.1

活动项目:"要我学"和"我要学"。

活动目标:提高意志活动的自觉性。

活动材料:在学习中,你是"要我学",还是"我要学"?你的学习是"为自己学"还是"为父母、老师学"?

活动过程:根据要求,写出你是"要我学"还是"我要学",是"为自己学"还是"为父母、老师学"?

活动要求:明确意志的自觉性。(10分钟)

学习提示:注意客观性与可操作性。

活动 10.2

活动项目:被动学习的危害。

活动目标:提高意志活动的自觉性。

活动材料:以下哪些情况符合你的实际?你认为这种被动的学习有什么危害?

(1) 总要让别人提醒该做作业了。

危害是:_____

_____

(2) 总要让别人提醒预习了没有?

危害是：_____

_____。

（3）总要让别人提醒作业本带了没有？

危害是：_____

_____。

（4）总要让别人提醒复习好了吗？

危害是：_____

_____。

（5）总要让别人提醒上学时间快到了，赶快起床。

危害是：_____

_____。

（6）总要让别人提醒作业做完了吗？

危害是：_____

_____。

（7）总是玩得忘了做作业。

危害是：_____

_____。

（8）总是忘了带学具。

危害是：_____

_____。

（9）上课时常常在无身体原因的情况下走神。

危害是：_____

_____。

（10）假期里常常不按老师的要求写作业，最后几天才来赶作业。

危害是：_____

_____。

（11）从来不愿多做规定以外的一丁点儿作业。

危害是：_____

_____。

（12）总是找出各种理由不断拖延下网时间。

危害是：_____

_____。

活动过程：根据要求，写出被动学习的危害的具体表现。

活动要求：提高意志的自觉性。（10 分钟）

学习提示：注意科学性与可操作性。

第三节　意志坚持性的培养

我国古代伟大诗人李白，少年时曾一度因学习的艰苦，有中途放弃学业的想法。一天闲游到山下的小河边，看到一位头发花白的老大娘，蹲在河边磨铁杵。李白好奇地问老大娘在干什么？老大娘说："我要把它磨成针。"李白以为自己听错了，要么就是老大娘拿自己开涮，心中十分疑惑便问道："这么粗的铁杵，能磨成细小的缝衣针？"老大娘意味深长地说："只要功夫深，铁杵就能磨成针。"李白听后，独自在河边沉思了很久很久，从中受到了很大启发，义无反顾地走上了继续读书、求学的道路。正是"铁杵磨成针"的精神，使他实现了"读万卷书，行万里路"的志向。

古今中外许多伟大的思想家、科学家都莫不具有高度的坚持性。例如：曹雪芹写《红楼梦》花了 10 年；司马迁写《史记》花了 15 年；李时珍写《本草纲目》花了 27 年；徐霞客写《徐霞客游记》花了 34 年；达尔文写《物种起源》花了 20 年；哥白尼写《天体运行论》花了 36 年；托尔斯泰写《战争与和平》花了 37 年；马克思写《资本论》花了 40 年；歌德写《浮士德》花了 60 年。

每个人都希望成功，不愿意失败。但成功后面往往蕴藏着无数的失败，正是从失败中不断总结经验、吸取教训，才达到了最后的成功。科学史上无数事实，都雄辩地证明了这个道理。欧立希经过了 913 次失败，发明了新药"914"。爱迪生寻找合适的灯丝，一共试验了 1600 多种材料，反复试验了五万多次，前后经历了 17 年，才获成功。诺贝尔为了发明安全炸药，经过几百次危险的实验后，才终获成功。居里夫妇为了提炼"镭"，不知经过了多少次失败，最后通过坚持不懈的努力，终于从 400 吨铀沥青矿、1000 吨化学药品和 800 吨水中提炼出一克"镭"。英国著名小说家约翰·克里西曾得到 743 份退稿信，他经受了一般常人所无法想象的失败，仍坚持不懈地写作，从中吸取教训，后来一共出版了 3564 本书，总计 4000 多万字。

张炯是某学校高一（1）班学生，人一点不笨，学习也算得上按部就班跟上步调，可成绩总不能令人满意，以至于产生了"自己能力弱，再努力也白搭"的想法。这学期他干脆放弃了努力，自暴自弃，学习积极性明显降低，产生了自卑感，成绩也明显下降。像张炯同学这样，不能客观地认识失败，最终被失败所击倒，从此止步不前的现象，在青少年中也时有发生。

任何人不管做什么事情，其结果不外乎两种：成功或者失败。成功了固然可喜可贺，但如果就此骄傲自满，放弃努力，会导致最终的失败。反之，虽然失败了，但没有被失败所吓住，而是认真地从失败中找原因，不气馁，不退缩，迎着困难上，最终却能战胜失败。常言道：失败是成功之母。我国古代著名的史学家司马迁说过："西伯拘而演《周易》，仲尼厄而作《春秋》，屈原放逐，乃赋《离骚》，左丘失明，厥有《国语》，孙子膑脚，《兵法》修列，不韦迁蜀，世传《吕览》，韩非囚秦《说难》《孤愤》，《诗》三百篇，大抵圣贤发愤之所为作也。"司马迁本人也是在蒙受宫刑之辱后写成《史记》的。

怎样才能走出失败的阴影，坚持不懈地克服困难，永不退缩呢？

● 客观分析，理智对待。如果是由于你的学习方法不当而造成的学习失败，可改进学习方法，如边读、边思、边记、边做等；如果是因为刻苦不够，就增大努力程度。

● 吃一堑，长一智。把失败看作是一次学习的机会。失败了 99 次，至少可以从中知道 99 种方法是行不通的。要有变"屡战屡败"为"屡败屡战"的积极心态。

● 培养坚强的意志品质。学习是一项复杂、艰苦的脑力劳动，它不像打游戏那样轻松自在。因此，缺乏失败的心理准备和吃苦耐劳的精神，是难以最终成功的。

● 相信自己。有的同学一遇困难，就寄希望于老师、家长、同学。他人的帮助固然重要的，但最重要的是战胜自己的软弱、懒惰、自卑、退缩。做自己命运的强者。失败可以打倒弱者，也可以造就强者。

● 坚持参加体育锻炼。毛泽东同志到湖南第一师范学校后，在杨昌济的影响下，就是通过冷水浴、废朝食和静坐三种方法强身养心、锻炼毅力的。后又通过风浴、雨浴、日浴，在酷日、骤雨、狂风中培养自己吃苦耐劳的勇敢精神和坚韧品质。青少年可以通过长跑锻炼、游泳锻炼、冷水浴锻炼、抗挫折训练等方式，来培养坚韧的意志品质。

第四节　意志果断性的培养

人生是一条河，少不了急流险滩，学生的学习生活也是如此。昨天才背过的外语单词今天却怎么也想不起来，看似简单的题目总是解答不出来，多少次考试成绩总是不能令人满意，班级中人际关系总有那么一些小别扭，这一切都证明学习生活不可能是"一帆风顺，万事如意"的。其实，困难并不可怕，可怕的是缺乏克服困难的勇气和错过采取决定的良机。俗话说"宝剑锋从磨砺出,梅花香自苦寒来","不经历风雨,怎么见彩虹","失败乃成功之母",只要我们善于总结经验教训,果断采取有效决策,最终会苦尽甘来,摆脱困境。

如何才能战胜面对逆境时的怯懦,迅速地、不失时机地采取决定,增强奋斗的勇气呢?

● 正确认识困难。巴尔扎克曾说过:"苦难对强者是一笔财富,对弱者则是万丈深渊"。对困难恐惧是缺乏自信的表现,是自己吓唬自己。在你还没有行动时就承认自己不行,不战自败作了逃兵。你连试都不试一下,就乖乖地举起双手,这不是很愚蠢,很不划算吗?

● 大胆尝试,果断决策。对待每一个题目或每一次考试,你不要因怕失败而放弃尝试。即使失败了,这只是你成功路上又排除了一条弯路,又多了一次锻炼的机会!不灰心、不泄气、不退缩,勇敢果断地去挑战困难。如果你因考场失意而终日以泪洗面,或麻木得无动于衷,都不是积极的态度。正确的做法是承认失败,认真分析失败的原因,从失败中吸取教训,勇敢地迈出你的下一步。

● 克服恐惧情绪。面对困难时,内心总会有害怕的体验,问题不在于否认它,而在于制止它。例如做学生都害怕考试,老师不会也不可能因为你害怕就不考,你再害怕也已是身经百战,害怕对你发挥自己的水平没有一丁点好处,你需要的是迅速地、不失时机地采取决定的勇气,从某种意义上说这已经是你的成功了。

● 磨炼意志品质。磨难是一所好学校,"自古英雄多磨难,纨绔子弟少伟男"。坎坷的环境可以锻炼吃苦耐劳、战胜困难的勇气和能力。面对厄运,不要气馁,正视它、分析它、挑战它,在磨难中发挥你的主观能动性和创造性,"吃一堑长一智"。

在困难面前,我们每一位同学都应该自信地说:"我能行!""很好。"正如高尔基笔下的海燕一般,勇敢地高呼:"让暴风雨来得更猛烈些吧!"坚持"一不怕"(不怕困难)"二快"(决定快、行动快)"三敢"(敢想、敢说、敢做)"四破除"(破除对书本、权威、古人、洋人的迷信)"五解放"(解放头脑、解放嘴巴、解放双手、解放时间、解放空间),那么你就有充分的理由相信自己能够战胜任何困难。

第五节　意志自制性的培养

时间是看不见摸不着的,它一分一秒地在你不知不觉中流逝,永不倒流。日本一位记者曾做过一个有趣的统计：以一个人能活 72 年计算，看电影、运动等娱乐活动用去 8 年，闲聊 4 年，打电话 1 年，吃饭 6 年，等人 3 年，打扮 5 年，睡觉 20 年，生病 3 年，旅行 5 年，工作 14 年，读书 3 年。如此看来一个人的学习和工作时间是很少的，若不充分利用好青少年这一学习的黄金时期，到头来只能是"少壮不努力，老大徒伤悲"。

有的同学时间紧迫感不强，总认为时间很长，所以可以放松放松，等以后慢慢再说；有的同学上课不专心，老想着课后再去复习，到了课后又想等到明天、后天……期末再说；有的同学边玩边学，结果玩不开心，学无效果。时间对我们每个人都是公平的，那些有计划的同学，能把学习、娱乐、休息安排得妥妥当当，学习时专心致志，娱乐时轻轻松松，提高时间的利用率。

怎样才能管理和控制好自己情绪和行动，提高时间的利用率呢？

● 制订切实可行的学习计划。"凡事预则立，不预则废"。每当新学期开始，就要制订好本学期的计划，包括各门功课学习计划、复习计划、娱乐计划等等。这些计划又分为长、中、短期计划，以计划来指导活动，使自己的学习有条不紊地进行。

● 合理利用时间。学生最重要的是充分利用好课堂上的每一分钟，万万不能把它用来看课外书、玩耍、胡思乱想，应紧跟着老师的思路，当堂消化。如果吃不好上课这顿"正餐"，再多的"加餐"也无济于事。同时还要利用好课外的时间，把那些较整块的时间用来学习较系统的知识，如晚上 7～10 点；把那些较零碎的时间用来进行简单复习或记单词等，如饭前饭后的时间。

● 全神贯注。学习时应尽量排除各种刺激的干扰，不要边看电视，边听音乐，边读书学习，不要"身在曹营心在汉"。学习时，尽量把自己"关"在相对安静的房间里，一旦分心，自己及时把自己"拉"回来。学习是一项复杂的脑力活动，必须心无二物，专心致志，才能提高单位时间的利用率。

● 今日事今日毕。一部分同学有把今日事拖到明天去做的习惯，殊不知是在浪费宝贵的光阴。世间最可宝贵的就是"今天"，一味等待"明天"而放弃"今天"终将成为时间的弃儿。古诗说得好："人生百年几今日，今日不为真可惜！若言姑待明朝至，明朝又有明朝事"。青少年日后要想有所作为，请从"今日"开始吧！

活动 10.3

活动项目：一天的时间安排表

活动目标：提高意志活动的自制性。

活动材料：请你写出你一天的时间安排表，并分析哪些是最重要的。

(1) _____。

(2) _____。

(3) _____。

(4) _____。

......

活动过程：根据要求，具体写出一天的时间安排表。

活动要求：提高意志的自制性。（10分钟）

学习提示：注意客观性与可操作性。

活动 10.4

活动项目：浪费时间的表现及改进办法。

活动目标：提高意志活动的自制性。

活动材料：如实列举出你浪费时间的表现，并提出改进办法。

表现 1：_____。

改进办法：_____。

表现 2：_____。

改进办法：_____。

表现 3：_____。

改进办法：_____。

......

活动过程：根据要求，具体列举出你浪费时间的表现。

活动要求：提高意志的自制性。（10分钟）

学习提示：注意合理性与可操作性。

第六节　培养青少年意志的一般方法

个体良好的意志品质的形成是与其知识技能、道德情操以及健康体魄的发展密不可分的。因此，学校和家庭要利用各种学习和生活中的机会，来培养青少年良好的意志品质。培养的基本方法主要有以下几种：

● 从小事做起。事无大小，小事做得好，积小可以成大；事无点滴，点滴做到家，滴水可成江海。认真对待所谓一点一滴的小事，比如按时起床、按时睡觉、按时吃饭、按时锻炼、按时完成学习计划等小事，如果一个人能一贯做到，从不马虎，那他的意志就必然能得到很好的锻炼。

● 从平时做起。培养意志不可能一步登天，必须靠平时一点点的积累。只有从平时做起，日积月累，才能锻炼出坚强的意志。青少年在日常的生活、学习与活动中，应当自觉地严于律己，决不自我放纵。这样，就一定能使自己的意志得到锻炼而逐步坚强起来。

● 从现在做起。明代文嘉《明日歌》写道："明日复明日，明日何其多。我生待明日，万事成蹉跎。"无论做什么事情，都要从现在做起，不要等到以后。锻炼意志也不例外。文嘉《今日歌》又写道："今日复今日，今日何其少。今日又不为，此事何时了。"现在不肯锻炼，以后又成现在；如此拖延下去，造成恶性循环。因此，青少年必须抓紧现在，才能把握好锻炼自己意志品质的有利机会。

● 从我做起。第一，对自己提出具体要求。青少年要培养意志，必须对自己提出一定的要求。最主要的应当是确定目标，树立理想。远大的目标与崇高的理想是锻炼意志的力量源泉。一个人如果没有远大的目标，他就不会有巨大的热情去从事学习与工作，不会有坚强的意志去搏击生活的风浪。同样，一个人没有崇高的理想，他就不会有生活的支点，不会有顽强的意志去造就其责任感与事业心。第二，进行自我激励和教育。意志的培养与锻炼绝非"朝发夕至"的事，而需要长期坚持不懈的努力。因此这就需要不断地自我激励。而自我激励常见的一种形式，便是把格言箴语、诗文名句作为座右铭。当生活、学习与工作中遇到困难或障碍时，即用座右铭来激励自己，使其增添力量，勇敢地迎接困难。第三，加强自我监督。一个人的行动和行为，不可能一贯正确，总会有不符合规范、偏离轨道的时刻。这就要求他必须自觉地监督自己、约束自己，使自己少出差错、不犯错误。很明显，自我监督的过程也就是意志自我锻炼的过程；严格自我监督者，他必定能养成坚强的意志；反之，放松自我监督者，他必定意志软弱，缺乏自制力与坚持性。

● 加强说服教育。通过说服教育使受教育者懂得什么是意志，一个人应当具备什么样的意志品质，并使他们建立起完善自己意志品质的决心。说服教育工作常常是借助一定材料来进行的。有许多材料，如杰出人物传记、文艺作品、广播电视，甚至教科书都可用于意志培养工作。

本章要点

● 意志是指在认识和变革现实的过程中，人自觉地确定目的，有意识地根据目的、动机调节支配行动，努力克服困难，实现目标的心理过程。
● 意志品质包括自觉性、坚持性、果断性和自制性。
● 意志的自觉性是指对行动的目的有深刻的认识，能自觉地支配自己的行动，使之服从于活动目的的品质。

- 意志的坚持性是指坚持不懈地克服困难，永不退缩的品质。
- 意志的果断性是指迅速地、不失时机地采取决定的品质。
- 意志的自制性是指善于管理和控制自己情绪和行动的能力。
- 意志品质培养的基本方法：（1）从小事做起；（2）从平时做起；（3）从现在做起；（4）从我做起；（5）加强说服教育。

思考与练习

活动1：

　　活动项目：应对失败。

　　活动目标：提高意志活动的坚持性和自制性。

　　活动材料：请你找出学习上失败的原因是什么？并谈谈你应该从失败中吸取哪些教训？你是怎样对待失败的？

　　失败原因：＿＿＿＿＿＿＿＿＿＿＿＿＿＿＿＿＿＿＿＿＿＿＿＿＿。

　　教训：＿＿＿＿＿＿＿＿＿＿＿＿＿＿＿＿＿＿＿＿＿＿＿＿＿＿＿。

　　对待措施：＿＿＿＿＿＿＿＿＿＿＿＿＿＿＿＿＿＿＿＿＿＿＿＿＿。

　　活动过程：根据要求，具体分析失败的原因，总结教训，采取有效对策。

　　活动要求：明确意志的自制性和坚持性。（10分钟）

　　学习提示：注意科学性与可操作性。

活动2：

　　活动项目：反败为胜。

　　活动目标：提高意志活动的坚持性和自制性。

　　活动材料：请谈一谈你所熟悉的科学家或同学从失败走向成功的事迹，你应该向他们学习些什么？

　　（1）主要事迹：＿＿＿＿＿＿＿＿＿＿＿＿＿＿＿＿＿＿＿＿＿

＿＿＿＿＿＿＿＿＿＿＿＿＿＿＿＿＿＿＿＿＿＿＿＿＿＿＿＿＿＿＿＿＿

＿＿＿＿＿＿＿＿＿＿＿＿＿＿＿＿＿＿＿＿＿＿＿＿＿＿＿＿＿＿＿＿。

　　（2）学习他们：＿＿＿＿＿＿＿＿＿＿＿＿＿＿＿＿＿＿＿＿＿＿

＿＿＿＿＿＿＿＿＿＿＿＿＿＿＿＿＿＿＿＿＿＿＿＿＿＿＿＿＿＿＿＿＿

＿＿＿＿＿＿＿＿＿＿＿＿＿＿＿＿＿＿＿＿＿＿＿＿＿＿＿＿＿＿＿＿。

　　活动过程：根据要求，具体分析反败为胜的原因，总结经验。

　　活动要求：明确意志的自觉性、坚持性和自制性。（10分钟）

学习提示：注意科学性与可操作性。

活动 3：

活动项目：避免时间浪费。

活动目标：提高意志活动的自觉性和自制性。

活动材料：请你列举出自己学习过程中 10 种浪费时间的现象，并提出防止浪费时间现象的具体措施。

浪费时间现象：

(1) _____。

(2) _____。

(3) _____。

(4) _____。

(5) _____。

(6) _____。

(7) _____。

(8) _____。

(9) _____。

(10) _____。

改进措施：

(1) _____。

(2) _____。

(3) _____。

(4) _____。

(5) _____。

(6) _____。

(7) _____。

(8) _____。

(9) _____。

(10) _____。

活动过程：根据要求，具体阐述浪费时间的现象和改进措施。

活动要求：明确意志的自觉性和坚持性。（10 分钟）

学习提示：注意合理性与可操作性。

活动 4：

活动项目：时间管理。

活动目标：提高意志活动的自觉性和自制性。

活动材料：请写出你自己能利用的"大块"时间和"零碎"时间，并对不同时间块的学习效率进行自我评价。

大块时间：

(1) ＿＿＿＿＿＿＿＿＿＿＿＿＿＿＿＿＿＿＿＿＿＿＿＿＿＿＿＿＿＿＿。

(2) ＿＿＿＿＿＿＿＿＿＿＿＿＿＿＿＿＿＿＿＿＿＿＿＿＿＿＿＿＿＿＿。

(3) ＿＿＿＿＿＿＿＿＿＿＿＿＿＿＿＿＿＿＿＿＿＿＿＿＿＿＿＿＿＿＿。

(4) ＿＿＿＿＿＿＿＿＿＿＿＿＿＿＿＿＿＿＿＿＿＿＿＿＿＿＿＿＿＿＿。

(5) ＿＿＿＿＿＿＿＿＿＿＿＿＿＿＿＿＿＿＿＿＿＿＿＿＿＿＿＿＿＿＿。

……

学习效率的自我评价：＿＿＿＿＿＿＿＿＿＿＿＿＿＿＿＿＿＿＿＿＿＿

＿＿＿＿＿＿＿＿＿＿＿＿＿＿＿＿＿＿＿＿＿＿＿＿＿＿＿＿＿＿＿＿＿＿＿。

零碎时间：

(1) ＿＿＿＿＿＿＿＿＿＿＿＿＿＿＿＿＿＿＿＿＿＿＿＿＿＿＿＿＿＿＿。

(2) ＿＿＿＿＿＿＿＿＿＿＿＿＿＿＿＿＿＿＿＿＿＿＿＿＿＿＿＿＿＿＿。

(3) ＿＿＿＿＿＿＿＿＿＿＿＿＿＿＿＿＿＿＿＿＿＿＿＿＿＿＿＿＿＿＿。

(4) ＿＿＿＿＿＿＿＿＿＿＿＿＿＿＿＿＿＿＿＿＿＿＿＿＿＿＿＿＿＿＿。

(5) ＿＿＿＿＿＿＿＿＿＿＿＿＿＿＿＿＿＿＿＿＿＿＿＿＿＿＿＿＿＿＿。

……

学习效率的自我评价：＿＿＿＿＿＿＿＿＿＿＿＿＿＿＿＿＿＿＿＿＿＿

＿＿＿＿＿＿＿＿＿＿＿＿＿＿＿＿＿＿＿＿＿＿＿＿＿＿＿＿＿＿＿＿＿＿＿。

活动过程：根据要求，具体阐述大块时间和零碎时间的利用。

活动要求：明确意志的自觉性和坚持性。（10分钟）

学习提示：注意合理性与可操作性。

活动5：

活动项目：转换训练。

活动目标：提高意志活动的自觉性、坚持性、果断性和自制性。

活动材料：

以下是用"△""○""□"三个符号无规则排列的图块，请你看到"△"读"圆"，看到"○"读"方"，看到"□"读"角"。经常用类似方法练一练，体会有什么作用？

○□△○□△□△○△○△○□△○□△○△□△△△□○□△○△□△○
□○△□○△□△△□△○□△○△□△○△○□△△○△○□△○□□○□△□○

△□○△○□△△○□△○□△○△□○△○□△○□△○□△○□△△□
○□△○□△○□△○□△○△□○△○□△○□△○□△○□△○□△□△
△□○△□△○□△○□△○□○□△○□△○□△○□△△○□△○□△○
○□△○□△○□△○□△△○□△○△□○△□○□△○□△○□△○□△
○□△△○□□△○□△○□○△○□△○□△○□△○□△○□△○□△○
□△○□△○□△○□△○△□○△○□△○□△○□△○□△○□△○□△
△□○△□○△○□△○□△○□△○□△○△○□△○□△○□△○□△○
△○□△△○□△○□△○□△○□○△○□△○□△○△○□△○□△○

我练过后的体会是：_____

_____

_____。

活动过程：根据要求，具体阐述大块时间和零碎时间的利用。

活动要求：明确意志的自觉性、坚持性、果断性和自制性。（10分钟）

学习提示：注意合理性与可操作性。

相关文献链接

● 燕国材.非智力因素与学习[M].上海：上海教育出版社，2006：第五章.

● 周文.青少年智力开发与训练全书·非智力因素培养（上、下）[M].哈尔滨：黑龙江人民出版社，2001.

第 十 一 章

Chapter 11

青少年性格的培养

本章学习结束时教师能够：

- 能举例说明性格的类型、品质和主要规律
- 能运用性格测量技术对学生的性格进行测评
- 能运用性格的有关方法对性格进行培养

第一节 性格的基本概念与原理

测验 11.1

性格小测验①

下列 50 道测题,请根据自己的实际情况,作出回答。每题 3 种答案,请在最符合你的答案上划"圈",符合的则把问题后面的"是"圈起来;难以回答的,则把"?"圈起来;不符合的则把"否"圈起来。

1. 我与观点不同的人也能友好往来。	是	?	否
2. 我读书较慢,力求完全看懂。	是	?	否
3. 我做事较快,但较粗糙。	是	?	否
4. 我经常分析自己,研究自己。	是	?	否
5. 生气时,我总不加抑制地把怒气发泄出来。	是	?	否
6. 在人多的场合我总是力求不引人注意。	是	?	否
7. 我不喜欢写日记。	是	?	否
8. 我待人总是很小心。	是	?	否
9. 我是个不拘小节的人。	是	?	否
10. 我不敢在众人面前发表演说。	是	?	否
11. 我能够做好领导团体的工作。	是	?	否
12. 我常会猜疑别人。	是	?	否
13. 受到表扬后我会工作得更努力。	是	?	否
14. 我希望过平静、轻松的生活。	是	?	否
15. 我从不考虑自己几年后的事情。	是	?	否
16. 我常会一个人想入非非。	是	?	否
17. 我喜欢经常变换工作。	是	?	否
18. 我常常回忆自己过去的生活。	是	?	否
19. 我很喜欢参加集体娱乐活动。	是	?	否
20. 我总是三思而后行。	是	?	否
21. 使用金钱时我从不精打细算。	是	?	否
22. 我讨厌在我工作时有人在旁边观看。	是	?	否
23. 我始终以乐观的态度对待人生。	是	?	否
24. 我总是独立思考回答问题。	是	?	否

---

① 邬庆祥,高德建,顾天祯. 心理:自测与训练[M].上海:上海科学技术出版社,1989:17-20.

25. 我不怕应付麻烦的事情。 是 ？ 否
26. 对陌生人我从不轻易相信。 是 ？ 否
27. 我几乎从不主动制订学习或工作计划。 是 ？ 否
28. 我不善于结交朋友。 是 ？ 否
29. 我的意见和观点常会发生变化。 是 ？ 否
30. 我很注意交通安全。 是 ？ 否
31. 我肚里有话藏不住，总想对人说出来。 是 ？ 否
32. 我常有自卑感。 是 ？ 否
33. 我不大注意自己的服装是否整洁。 是 ？ 否
34. 我很关心别人对我有什么看法。 是 ？ 否
35. 和别人在一起时，我的话总比别人多。 是 ？ 否
36. 我喜欢独自一个人在房内休息。 是 ？ 否
37. 我的情绪很容易波动。 是 ？ 否
38. 看到房间里杂乱无章，我就静不下心来。 是 ？ 否
39. 遇到不懂的问题我就去问别人。 是 ？ 否
40. 旁边若有说话声或广播声，我就无法静下心来学习。 是 ？ 否
41. 我的口头表达能力还不错。 是 ？ 否
42. 我是个沉默寡言的人。 是 ？ 否
43. 在一个新的环境里我很快就能熟悉了。 是 ？ 否
44. 要我同陌生人打交道，常感到为难。 是 ？ 否
45. 我常会过高地估计自己的能力。 是 ？ 否
46. 遭到失败后我总是忘却不了。 是 ？ 否
47. 我感到脚踏实地地干比探索理论原理更重要。 是 ？ 否
48. 我很注意同伴们的工作或学习成绩。 是 ？ 否
49. 比起读小说和看电影来，我更喜欢郊游和跳舞。 是 ？ 否
50. 买东西时，我常常犹豫不决。 是 ？ 否

记分与评价：

题号为单数的题目，每圈一个"是"记 2 分，每圈一个"？"记 1 分，圈"否"记 0 分；题号为双数的题目，每圈一个"否"记 2 分，每圈一个"？"记 1 分，圈"是"的记 0 分。最后将各道题的分数相加，其和即为你的性格倾向性指数。

性格倾向性指数在 0 与 100 之间，由性格倾向性指数的数值（即测验得分）就可以了解了一个人内向或外向的程度。

评价表

总分	性格倾向性
0～19	内向
20～39	偏内向
40～59	中间型（混合型）
60～79	偏外向
80～100	外向

外向型性格的主要特点有：（1）对人十分信任；（2）能在大庭广众之下工作；（3）不常分析自己的思想和动机；（4）自己擅长的工作愿意别人在旁观看；（5）能将强烈的情绪（如喜、怒、悲、乐）表现出来；（6）不拘小节；（7）与观点不同的人自由联络；（8）好读书而不求甚解；（9）喜欢常常变换工作；（10）不愿别人提示，而愿独出心裁。

内向型性格的主要特点有：（1）喜静安闲；（2）工作时不愿人在旁观看；（3）遇有集体活动愿在家而不参加；（4）宁愿节省而不愿浪费；（5）很讲究写应酬信；（6）常写日记；（7）不是特别熟悉的人不轻易信任；（8）常回想自己；（9）在群众场合中肃静无哗；（10）三思而后决定。

很难说究竟哪一种性格倾向更好些。外向型、中间型和内向型都各有利弊。重要的是我们在工作和学习中应当根据自己的性格倾向性选择效率较高的学习方法和工作方法。在可能条件下还应该根据自己的性格倾向性来选择最容易适应的职业，以便扬长避短，人尽其才。

在学习时，性格外向的人敢于提问，但缺乏对问题的深入思考精神。学习缺少计划性，学习热情往往忽低忽高。他们在独自一个人温习功课时效率往往不高。因此，性格外向的人需要注意学习的计划性，应强迫自己制订一个详细的学习计划，严格按照学习计划所规定的进度去做。还应该注意培养自己的独立思考、深入钻研精神，最好能找一些性格不那么外向的同学一起复习功课，以便在其他同学的影响下提高自己的学习效率。

性格内向的人在学习时应注意克服自卑感，遇到不懂的问题应敢于提问，不要光顾自己埋头探索。性格内向的人还应注意不要过分看重考试分数，得了低分数不要太悲观，以免为此影响自己的学习热情和学习效率。他们在小组集体学习时往往效率不高，温课时最好能找个安静的场所，独自进行学习。但应防止独自坐在桌子前想入非非，而浪费了学习时间。

在职业的选择上，性格外向的人适合从事需要经常与人打交道，工作内容变化较多的工作，如外交人员、记者、教师、律师、营业员、导游、供销员、口头翻译人员、演员等，而不适合从事工作单一、需要独自一个人进行的工作。

性格内向的人则适合于从事不需要经常同陌生人打交道，工作内容变化不多的工作。如自然科学工作者、工程和机械设计人员、画家、会计、图书管理员、仓库保管员、书面翻译人员、绘图员、计算机工作人员、打字员、机械操作工等。他们一般不适合从事需要广泛进行人际交往的工作。

核心概念与重要原理

性格是指一个人对现实的态度和习惯化的行为方式中表现出来的比较稳定而具有核心意义的个性心理特征。

理智型性格是指以理智支配自己的行为，处事较为冷静。

情感型性格是指行动易受情感左右，凭感情办事。

意志型性格是指目标明确，行动有较强的控制力。

外向型性格是指容易适应环境的变化。

内向型性格是指偏重主观世界，一般较难适应环境的变化。

顺从型性格是指个体易受环境暗示，行动比较依赖，缺乏主见和果断性。

独立型性格是指个体有主见，不易受环境暗示。

反抗型性格是指个体易受环境暗示，但行动与环境相对抗。

性格的品质包括性格的倾向性、统一性、坚强性与独立性。

性格的倾向性是指人的心理活动指向外部世界还是内部世界。

性格的统一性是指构成性格的诸多成分的协调统一。

性格的坚强性是指追求既定目标的坚韧性与刚毅性的程度。

性格的独立性是指在生活、学习和工作中独立做主的水平。

性格特征：（1）性格的态度特征；（2）性格的意志特征；（3）性格的情绪特征；（4）性格的理智特征。

性格培养的措施：（1）加强思想政治教育；（2）在社会实践中培养；（3）家长和教师应该给学生树立良好的榜样；（4）个别指导；（5）良好性格品质特征的自我培养。

性格培养的基本方法：（1）提高世界观；（2）优化心理因素；（3）融入集体生活；（4）加强实践活动；（5）多途径培养性格。

第二节 独立性格的培养

回想一下我们的成长历程，在幼儿园时，我们一旦碰到问题，总是以他人为标准来判断和评价，"我爸说……我妈说……"；小学时候我们总是说："老师说……"；进入中学后，除了"老师说""同学说"外，更重要的是"我说"、"我认为"，这是一个人自我意识发展的重要阶段，也是培养学生思维独立性、批判性的重要时期，最终形成独立的性格。

中学学习与小学学习的一个重要的区别就在于思维的独立性大大增强了。在小学生的学习中基本上是老师"扶着"走，绝大多数同学都是按照老师"告诉"

的教材内容、学习方法、解题策略、预习复习内容进行学习的，很少有自己的思想，一旦老师忘了"告诉"什么，那就必然造成失误和损失。到了中学，学习也基本上是老师"牵"着、"领"着走，课堂学习的主要内容仍然要老师"告诉"，但有关学习方法、课外学习、预习复习则除了老师指点外，主要是根据自己的实际情况来加以选择和确定，才能使学习更具有主动性和自觉性。因此，应该学会说："我认为……"，这是中学生性格独立性的重要表现。

怎样才能培养学生性格独立性呢？

● 要敢疑好问，学习中要敢于向家长、老师、甚至权威质疑，孟子说过："尽信书，不如无书。"学习时要在老师指导下，独立地寻求和争论各种现象的原因和规律，养成好疑善辩的学习习惯。"学问"是既要学，又要问。当你有了"疑"自己又不能解决时，还得寻求别人的帮助，通过问老师、问同学、问家长来解疑释难。古人所谓的"每事问""不耻下问""打破砂锅问到底"都值得我们借鉴。但也要防止学习中的乱问、瞎问、滥问。

● 敢于别出心裁、标新立异。思维总是从问题开始的，每个同学在解决问题时角度不同、策略不同，就可能得出不同的解答方案。当自己与同学甚至与老师的解答方法不同时，要敢于发表自己的见解，坚持以事实为准绳来验证解答方案。不要有"与老师的不同，肯定是我错了"的顾忌，一旦方向吃准了，就要坚持"走自己的路"的原则。通过独立自主的思考，提出新见解，找到新方法，培养创新意识和态度。

● 不断对学习进行反思。曾参说过："吾日三省吾身。"学生的学习也如此，要在学习中检验、评价自己的思维活动，坚持正确，修正错误，从反思中了解自己思维的长处和不足，不断总结经验，吸取教训，做一个不盲从，不迷信，有主见，有头脑、坚持真理的学习者。

活动 11.1

活动项目：延迟跟读一篇比较熟悉的课文。

活动目标：提高性格的独立性。

活动材料：选一篇比较熟悉的课文，让四、五个同学齐声朗读，你以延迟三、四个字轻声朗读，不能赶上去，并始终保持适当的速度。你能坚持多久？经常练一练，看看你是否会有什么变化？

起初我能坚持的时间：_____。

后来我能坚持的时间：_____。

现在我能坚持的时间：_____。

我感到我最大的变化是：_____

_____

活动过程：让四、五个同学齐声朗读，你以延迟三、四个字轻声朗读，不能赶上去，并始终保持适当的速度。

活动要求：记下起初、后来和现在我能坚持的时间，感受最大的变化。（15分钟）

学习提示：注意性格的独立性训练。

活动 11.2

活动项目：哼唱另一首曲子或者演唱另一首歌曲。

活动目标：提高性格的独立性。

活动材料：请你做如下的练习：当别人演奏一首你非常熟悉的乐曲时，你却轻哼着另一首曲子；或者，当别人大声演唱一首你非常熟悉的歌曲时，你却要轻声哼唱另一首歌曲。

你的感受是：_____。

活动过程：当别人演奏一首你非常熟悉的乐曲时，你却轻哼着另一首曲子；或者，当别人大声演唱一首你非常熟悉的歌曲时，你却要轻声哼唱另一首歌曲。

活动要求：写下自己的感受。（15分钟）

学习提示：注意性格的独立性训练。

第三节　勤奋性格的培养

学习是一项复杂、艰苦的活动，它不可能像游戏活动那样轻松惬意，也不像休息那样舒适。只有一分劳作，才会有一分收获，苦尽才能甘来。"书山有路勤为径，学海无涯苦作舟"这是对求学所作的最恰当的比喻。古今中外的成功者在谈到成功的秘诀时，无不强调"勤奋和刻苦"的作用。大发明家爱迪生谈到成功时说过："天才是九十九分汗水加一分灵感。"

影响学习的因素很多，心理因素中主要有智力因素和非智力因素。智力是学习的基础，具备正常的智力是学习的前提和条件。但如果缺乏良好的学习动机、稳定的情绪、良好的学习习惯、坚强的意志品质等非智力因素，也难以发挥出人的聪明才智。龟兔赛跑的故事就说明了这个道理：兔子虽然占尽了"跑"的优势，但由于懒惰其优势也无法发挥，聪明反被聪明误；而乌龟虽然在"跑"上处于劣势，但刻苦、勤奋补偿了它在"跑"上的不足，最终取得了胜利。可见在具备了一定的智力水平的基础上，成功在很大程度上受勤奋、刻苦等良好品质的制约。

学生的学习能力总是有强有弱的，能力一般或较弱，虽不是一种优势甚至可以说是种劣势，但如果有坚忍不拔的意志和顽强进取的精神，就能弥补能力上的不足，达到预定目标。《伤仲永》中的方仲永不能说不聪明吧？他四岁就可以作诗，七岁时他的诗作就达到较高的水平。由于不思进取，不刻苦学习，最终"泯然众人矣"，只获得"江郎才尽"的结局。而诸葛亮虽"资性鄙暗"，由于勤奋学习，终成为"百算百中"的智慧化身。荀子在《劝学》中有："骐骥一跃，不能十步，驽马十驾，功在不舍。"也是这个道理。

怎样才能以勤补拙达到目标呢？以下几方面是务必要做到的。

● 要坚持不懈。摔倒了爬起来再走，失败了吸取教训再干。有锲而不舍的精神，有不达目标不罢休的顽强意志，即使智力平平者，甚至稍有不足者，只要坚持不懈地努力，其成绩可以远远胜过不努力的智者。

● 要勤学苦练。法国科幻作家儒勒·凡尔纳为创作科幻小说写了 2500 多本读书笔记。美国大发明家爱迪生为了找到合适的灯丝先后试验了 1600 多种材料，前后经过 17 年。为了发明蓄电池，爱迪生反复试验了 5 万多次。只有孜孜不倦地追求、绞尽脑汁地思考、不厌其烦地实践，才能"宝剑锋从磨砺出，梅花香自苦寒来"。

● 要克服惰性。惰性是学习的大敌，它使人精神萎靡不振，意志消沉，才智枯竭。懒惰像锈蚀的"锁"，即使用"金"钥匙也开启不了智慧之门。因此，谁如果躺在舒适的"懒"床上，见"苦"就躲，见"难"就逃，是不可能成就大业的。马克思说过："在科学上没有平坦的大道，只有不畏劳苦沿着陡峭山路攀登的人，才有希望达到光辉的顶点。"

● 要形成良好的学习习惯。要爱学习，从学习中获取无穷乐趣，养成善于思考、善于控制自我、先学后玩、先思后问的好习惯，把学习当做你现阶段最主要的任务。在此，我们用著名数学家华罗庚的两句话"勤能补拙是良训，一分辛劳一分才"，来赞美那些在学习上不畏艰险，勤奋不辍的莘莘学子。

活动 11.3

活动项目：学习中"难"与"苦"的"怕"与"克"。

活动目标：培养勤奋进取的性格。

活动材料：想想自己在学习中都怕哪些"难"？怕哪些"苦"？你对克"难"、吃"苦"有什么打算？

怕"难"的表现：_____。

_____

_____

_____。

克"难"的措施：_____

_____

_____。

怕"苦"的表现：_____

_____

_____

吃"苦"的措施：_____。

_____

_____

_____。

活动过程：认真想想自己在学习中都怕哪些"难"和"苦"，思考克"难"和吃"苦"的措施。

活动要求：记下怕"难"的表现和克"难"的措施，怕"苦"的表现和吃"苦"的措施。（15分钟）

学习提示：注意性格的勤奋吃苦训练。

活动 11.4

活动项目："勤能补拙"。

活动目标：培养勤奋进取的性格。

活动材料：谈谈你身边同学中"勤能补拙"的事例，想想你可以从他（她）身上学到些什么？

勤能补拙的典型事例：_____

_____

_____

_____。

可以学到的长处：_____

_____

_____

_____。

活动过程：说出你身边同学中"勤能补拙"的事例。

活动要求：记下"勤能补拙"的事例，并具体说出学到的长处和受到的启示。（15分钟）

学习提示：注意性格的勤奋吃苦训练。

第四节　克服性格中的惰性

有人认为：懒惰是人的天性，谁都不愿意吃苦，但是如果你不能吃苦，你又怎么战胜困难呢？人生大道上不可能没有困难、不经受挫折。但人们总是为了长远的幸福而牺牲暂时的享受，如果让自己身上的惰性占了上风，整天沉湎于天方夜谭式的空想中，当然会比克服困难容易得多、轻松得多。但人们却会因此而丧失进取心，最终一无所成。

实际上，在每个人身上都或多或少存在着惰性，关键是有的人战胜了惰性，而有的人则被惰性所征服。对中学生们来说，惰性是学习的大敌。惰性常常表现为好吃懒做、怕困难、厌倦学习、怕吃苦、缺乏进取心等。惰性是源于观念和情感等心理因素的作用，而非身体原因引起的疲劳，如果以疲劳来掩饰在学习中不能吃苦、害怕学习，则对学习会更加消极和不利，这是非常有害的，要注意克服。

怎样克服中学生学习上的惰性呢？

● 明确学习目的，认识学习的复杂性、艰巨性。学习是个不断积累的过程，你的目的是掌握知识，成为一个有作为的人，实现这个目标的手段就是学习，学习就决不会像游戏那样轻轻松松，它要求我们进行长年累月坚持不懈的追求，你要有战胜困难的思想准备，如果你一开始就被自己的惰性击垮，你就不可能有所作为。

● 要从小事做起，从现在做起。学习上的懒惰者并不就心甘情愿地自认落后，但他们又不愿从每一天、每一件小事开始做起，他们经不住各种诱惑，不愿脚踏实地去行动，只希望在幻想中得到满足。久而久之，就会自我否定，学习效率进一步降低，成绩下降，导致恶性循环。因此，在学习中要时时提醒自己，想到了就去做，不要有丝毫的犹豫，今天的事绝不推到明天去做。

● 克服及时享乐主义。学习上表现出惰性的人不能推迟需要的满足，只图一时的痛快，理智服从情感。因此我们在学习中要注重培养自制力，才能克服欲望和不良情绪的干扰，按预定的学习计划完成任务。

● 培养坚强的意志品质，学习上的懒惰者容易动摇，缺乏坚持性。因此要不断以古今中外杰出人物为榜样来激励自己，如欧立希发明药物"606"，失败了605 次，到第 606 次方获成功。爱迪生与其合作者进行了 1600 多次实验，才找到合格的灯丝。当你在学习中尝试了 100 次最终也没有解决问题，你要为你的进展感到骄傲，因为至少发现了 100 种方法是行不通的！只有不断地经受磨炼，在学习中积极克服困难，一步一个脚印地走下去，才能变得更坚强、更有自制力，最终战胜惰性。

活动 11.5

活动项目：克服性格惰性。

活动目标：培养勤奋进取的性格。

活动材料：你在学习中表现出来的惰性有哪些？分析惰性产生的原因，并找出克服惰性的方法。

（1）表现：

① _____。

② _____。

③ _____。

④ _____。

……

（2）原因：

① _____。

② _____。

③ _____。

④ _____。

……

（3）方法：

① _____。

② _____。

③ _____。

④ _____。

……

活动过程：认真分析学习中的惰性表现，分析其产生的原因，找出克服惰性的方法。

活动要求：记下在学习中表现出来的惰性及产生的原因，并找出克服惰性的方法。（10分钟）

学习提示：注意性格的勤奋进取训练。

活动 11.6

活动项目：制订一天的学习计划，并检查实施情况。

活动目标：培养勤奋进取的性格。

活动材料：请你根据自己的实际情况，制订一天的学习计划，并检查实施情况。在当天完成了的每一项学习任务后打"√"，在当天未完成的每一项学习任务后打"×"，并谈谈未按时完成的理由。今后应该如何改进？

（1）学习计划：_____

_____
_____
_____
_____ 。

(2) 实施情况：_____
_____
_____
_____
_____ 。

(3) 未完成的理由：_____
_____
_____
_____
_____ 。

(4) 改进措施：_____
_____
_____
_____ 。

活动过程：认真检查实施学习计划后每一项学习任务的完成情况。

活动要求：记下完成学习任务和未完成学习任务的情况、原因及改进措施。（10分钟）

学习提示：注意性格的勤奋进取训练。

第五节　克服性格中的粗心

这天，"粗心病"防治中心门庭若市，妈妈们带着自己犯"粗心病"的孩子来看"病"，这些孩子无论姓张、姓王、还是姓李，都有一个共同的外号叫"粗心"。王粗心上课忘带课本、练习本、笔、橡皮擦；李粗心做作业时看错题目、看错数字、忘写单位名称；张粗心考试时忘把草稿上算出的答案写在试卷上；赵粗心把"＋"号看成"×"号，把"÷"号看成"－"号，以至白白浪费时间和精力。

六（2）班有个叫范珠的学生，人很聪明，但也很粗心，同学们称他"范粗"。他的粗心病最严重，经常漏抄作业，做作业时丢三落四，加法越加越少，

青少年智力因素开发与非智力因素培养

减法越减越多！不是忘了写单位名称，就是忘了答题，有时答了上半句话，下半句就漏了。经常糊里糊涂把数字或字词写错，考试时不是忘了写名字，就是忘了把草稿纸上的演算答案誊抄到试卷纸上。老师半开玩笑地说："范珠，你怎么不把你自己也忘掉！"。可是今天小粗心们聚在一块，他们还理直气壮地说："我又不是不懂，只不过粗心呗！"瞧，够委屈的吧！有的小粗心说："每次考试后，我也对自己因粗心所丢的分数惋惜，可是没法子呀！"他们心中都有同一个问题："我可怎么办？难道粗心真没治了吗？"

"粗心病"防治中心的"认真大夫"仔细听了小粗心们的谈话，认真地分析他们的病因，指着一个个小"粗心"说："你可能是思想过于松懈，认为题目简单，就想入非非，做题时心不在焉"；"你呢或许是由于过于紧张，忙中出乱。"；"你嘛可能与你的不良学习习惯有关，如作业潦草、涂鸦，有时明知有不妥之处，但总认为知道就行了，以后再改，殊不知坏习惯一经形成，就很难改掉"。"认真大夫"的一席话说得小粗心们不住地点头。小粗心的妈妈们着急地问："怎样才能治好他们学习中的粗心病呢"？"认真大夫"给大家开了一帖"药方"，上面写着：

●养成认真细致的习惯。知道自己有"粗心"的毛病，就应时时提醒自己"认真"，养成认真准备、审题、解题、检查的好习惯。

●克服懒惰思想。觉得平时认真划不来，做作业不按老师的要求，能省就省，甚至明知写错，也懒得更正，殊不知错误就巩固下来了。因此要从小事开始，就大讲"认真"二字，防微杜渐。

●形成积极的心理暗示。无论是做作业、考试，还是其他事情，都要告诫自己："我认真了吗？""注意数字、符号、小数点、笔画吧！"

●适当进行集中注意力的训练，如划消训练、走迷津训练等。

同学们，你是否有粗心的毛病？若有的话，不妨试试按"方"抓"药"，争取"药"到"病"除！

活动 11.7

活动项目：克服性格中的粗心病。

活动目标：培养认真细致的性格。

活动材料：你在学习中有哪些粗心现象？为什么会粗心呢？你准备怎样改正这些粗心的毛病？

在做数学时，我总是：＿＿＿＿＿＿＿＿＿＿＿＿＿＿＿＿＿＿＿＿＿＿。

在做语文时，我总是：＿＿＿＿＿＿＿＿＿＿＿＿＿＿＿＿＿＿＿＿＿＿。

在做作文时，我总是：＿＿＿＿＿＿＿＿＿＿＿＿＿＿＿＿＿＿＿＿＿＿。

在做外语时，我总是：＿＿＿＿＿＿＿＿＿＿＿＿＿＿＿＿＿＿＿＿＿＿。

在考试时，我总是：＿＿＿＿＿＿＿＿＿＿＿＿＿＿＿＿＿＿＿＿＿＿。

……

活动过程：认真分析学习中的粗心现象，分析其产生的原因，找出改正粗心的方法。

活动要求：记下在学习中表现出来的粗心及产生的原因，并找出克服粗心的方法。（10分钟）

学习提示：注意性格的认真细致。

第六节　性格培养的一般方法

影响性格形成的因素多种多样，主要有生物遗传因素、自然环境因素、文化环境因素、家庭环境因素、学校环境因素、大众传媒、自我调节因素等。因此，性格培养的方法也是多种多样，基本方法有：

● 提高世界观。为了培养良好的性格，就必须不断提升世界观的水平，把认识、观点、信念与理想结合起来加以培养，以便性格的其他构成因素由于受到正确的科学的世界观的支配而趋于完美。具体要做到：一是要提升认识的科学性与系统性的水平，把感知（观察）与思维（想象）结合起来加以培养；二是要提升观点的正确性与鲜明性的水平，把认识与情感结合起来加以培养；三是要提升信念的坚定性与一贯性水平，把认识、情感与意志结合加以培养；四是要提升理想的综合性与崇高性的水平，把认识、情感、意志与行为结合起来加以培养。

● 优化心理因素。性格几乎囊括了全部心理因素，即各种心理因素的特点与品质几乎都可以转化为性格特征。因此为了培养健全的性格，就应当优化心理因素，即发展种种心理特点与心理品质。总之，发展积极的心理特点，消除消极的心理特点；培养正向的心理品质，克服负向的心理品质，就一定能达到优化心理因素的目的，从而为培养健全的性格奠定必要的基础。

● 融入集体生活。在集体生活中，通过人际交往，不仅可以养成尊重他人、关心集体、乐于助人、维护集体利益的性格特征，同时其他许多优良的性格特征，如诚实、守信、组织性、纪律性、自尊心、自信心、好胜心、责任感、义务感、荣誉感等，也都能得到培养。为了培养健康的性格，学习者积极地参与集体生活是十分必要的。

● 加强实践活动。性格与实践活动自然也是统一而不可分割的。据此，为了培养优良性格，学习者就应当积极参与实践活动。事实表明，学习、劳动、社会实践等种种活动确实能使人们的许多优良性格特征得到培养与锻炼。例如，艰苦而愉快的学习是锻炼性格的最好场所。通过学习，既可以培养学习者对现实的正确态度，也可以使其理智特征、情绪特征和意志特征得到发展与提高。社会实践对性格的要求更高，它可以培养性格的倾向性、统一性、坚强性与独立性。由此看来，学习者除积极进行学习外，积极参加其他实践活动也是非常重要的。

● 多途径培养性格。通过读好书，积极进行人际交往，培养兴趣爱好，加强自身修养来培养性格。

本章要点

- 性格是指一个人对现实的态度和习惯化的行为方式中表现出来的比较稳定而具有核心意义的个性心理特征。
- 性格的品质包括性格的倾向性、统一性、坚强性与独立性。
- 性格的倾向性是指人的心理活动指向外部世界还是内部世界。
- 性格的统一性是指构成性格的诸多成分的协调统一。
- 性格的坚强性是指追求既定目标的坚韧性与刚毅性的程度。
- 性格的独立性是指在生活、学习和工作中独立做主的水平。
- 性格特征：（1）对现实的态度系统；（2）性格的意志特征；（3）性格的情绪特征；（4）性格的理智特征。
- 性格培养的基本方法：（1）提高世界观；（2）优化心理因素；（3）融入集体生活；（4）加强实践活动；（5）多途径培养性格。

思考与练习

活动：

　　活动项目：你的性格是 A 型还是 B 型[①]

　　请根据你过去的情况回答下列问题。凡是符合你的情况的就在"是"字这一行的○下打个√；凡是不符合你的情况的就在"否"字这一行的○上打个√。每个问题必须回答，答案无所谓对不对、好与不好。请尽快回答，不要在每道题上太多思索。回答时不要考虑"应该怎样"，只回答你平时"是怎样的"就行了。

	是	否
1. 我总觉得自己是一个无忧无虑、悠闲自在的人	⊙	○
2. 即使没有什么要紧的事，我走路也快	⊙	○
3. 我经常感到应该做的事太多，有压力	⊙	○
4. 我自己决定的事，别人很难让我改变主意	⊙	○
5. 有些人和事常常使我十分恼火	⊙	○
6. 我急需买东西但又要排长队时，我宁愿不买	⊙	○
7. 有些工作我根本安排不过来，只能临时挤时间去做	⊙	○
8. 上班（上课）或赴约会时，我从来不迟到	⊗	○
9. 当我正在做事，谁要是打扰我，不管有意无意，我总是感到恼火	⊙	○
10. 我总看不惯那些慢条斯理、不紧不慢的人	⊙	○
11. 我常常忙得透不过气来，因为该做的事太多了	⊙	○
12. 即使跟别人合作，我也总想单独完成一些更重要的部分	⊙	○
13. 有时我真想骂人	⊙	⊗

[①]　胡凯.大学生心理健康新论[M].长沙:中南大学出版社,2003:286-290.

14. 我做事总是喜欢慢慢来，而且思前想后，拿不定主意　⊙，○
15. 排队买东西，要是有人插队，我就忍不住要指责他或出来干涉　⊙，○
16. 我总是力图说服别人同意我的观点　○，⊙
17. 有时连我自己都觉得，我所操心的事远远超过我应该操心的范围　⊙，○
18. 无论做什么事，即使比别人差，我也无所谓　○，⊙
19. 做什么事我也不着急，着急也没有用，不着急也误不了事　⊙，○
20. 我从来没想过要按自己的想法办事　⊗，○
21. 每天的事情都使我精神十分紧张　⊙，○
22. 就是去玩，如逛公园等，我也总是先看完，等着同来的人　⊙，○
23. 我常常不能宽容别人的缺点和毛病　⊙，○
24. 在我认识的人里，个个我都喜欢　⊗，○
25. 听到别人发表不正确的见解，我总想立即就去纠正他　⊙，○
26. 无论做什么事，我都比别人快一些　⊙，○
27. 人们认为我是一个干脆、利落、高效率的人　⊙，○
28. 我总觉得我有能力把一切事情办好　⊙，○
29. 聊天时，我也总是急于说出自己的想法，甚至打断别人的话　⊙，○
30. 人们认为我是个安静、沉着、有耐性的人　⊙，○
31. 我觉得在我认识的人中值得我信任和佩服的人实在不多　⊙，○
32. 对未来我有许多想法和打算，并总想都能尽快实现　⊙，○
33. 有时我也会说人家的闲话　○，⊗
34. 尽管时间很宽裕，我吃饭也快　⊙，○
35. 听人讲话或报告讲得不好，我就非常着急，总想还不如我来讲哩　⊙，○
36. 即使有人欺侮了我，我也不在乎　○，⊙
37. 我有时会把今天该做的事拖到明天去做　○，⊗
38. 当别人对我无礼时，我对他也客气　⊙，○
39. 有人对我或我的工作吹毛求疵时，很容易挫伤我的积极性　⊙，○
40. 我常常感到时间已经晚了，可一看表还早呢　⊙，○
41. 我觉得我是一个对人对事都非常敏感的人　⊙，○
42. 我做事总是匆匆忙忙的，力图用尽量少的时间办尽量多的事情　⊙，○
43. 如果犯有错误，不管大小，我全都主动承认　⊗，○
44. 坐公共汽车时，尽管车开得快我也常常感到车开得太慢　⊙，○
45. 无论做什么事，即使看着别人做不好，我也不想拿来替他做　○，⊙
46. 我常常为工作没做完，一天又过去了而感到忧虑　⊙，○
47. 很多事情如果由我来负责，情况要比现在好得多　⊙，○
48. 有时我会想到一些说不出口的坏念头　○，⊗
49. 即使领导我的人能力差、水平低、不怎么样，我也能服从和合作　○，⊙
50. 必须等待什么的时候，我总是心急如焚，缺乏耐心　⊙，○

51. 我常常感到自己能力不够，所以当做事遇到不顺心时就想放弃不干了 ○，⊙

52. 我每天都看电视，同时也看电影，不然心里就不舒服 ⊗，○

53. 别人托我办的事，只要答应了，我从不拖延 ⊙，○

54. 人们都说我很有耐性，干什么事都不着急 ○，⊙

55. 外出乘车、船或跟人约定时间办事时，我很少迟到，如对方耽误我就恼火 ⊙，○

56. 偶尔我也会说一两句假话 ○，⊗

57. 许多事本来可以大家分担，可我喜欢一个人去干 ⊙，○

58. 我觉得别人对我的话理解太慢，甚至理解不了我的意思似的 ⊙，○

59. 我是一个性子暴躁的人 ⊙，○

60. 我常常容易看到别人的短处而忽视别人的长处 ⊙，○

活动项目得分与统计：

A＝	B＝	测谎＝

得分统计：

每题答案为⊙的记1分；答案为○的不记分；答案是⊗的为1分（测谎分）。将答案为⊙的得分加起来就测出了你的性格类型。

A型、B型的划分可分为五等：

1. A型（即较极端的A型）36～50分

2. mA型（即以A型为主的中间偏A型）28～35分

3. M型（即兼有A型和B型特征的中间型）27分

4. mB型（即以B型为主的中间偏B型）19～26分

5. B型（即较极端的B型）0～18分

6. 测谎总分为10分，分数越高说明你的掩饰程度越大，所测结果的可靠性越差。

A型性格的行为特征：急性子，时间紧迫感强，缺乏耐性，成就欲高，上进心强，具有苦干精神，工作投入，做事认真负责，富有竞争意识，外向，动作敏捷，办事匆忙，说话快，生活常处于紧张状态，社会适应性差。

B型性格的行为特征：性情随和，悠闲自得，缺乏时间观念，成就欲不高，举止稳当，对工作要求较为宽松，对成败得失较为淡泊，喜欢慢步调的生活节奏，对自己过于克制，常把怨恨情绪压在心里，情绪状态偏于抑郁、低沉和内蕴。

相关文献链接

● 燕国材.非智力因素与学习[M].上海：上海教育出版社,2006：第六章.

● 周文.青少年智力开发与训练全书·非智力因素培养（上、下）[M].哈尔滨：黑龙江人民出版社,2001.

参 考 文 献

1. 燕国材. 智力因素与学习 [M]. 上海：上海教育出版社，2002.

2. 燕国材. 非智力因素与学习 [M]. 上海：上海教育出版社，2006.

3. 周文. 青少年智力开发与训练全书 [M]. 哈尔滨：黑龙江人民出版社，2001.

4. 梁福成. 学海中冲浪并不难 [M]. 天津：南开大学出版社，1998.

5. 燕国材，崔丽莹. 超越情商——非智力因素与成功 [M]. 上海：学林出版社，1998.

6. 车宏生，张美兰. 心理测量——读人的科学 [M]. 北京：北京师范大学出版社，2001.

7. 邬庆祥，高德建，顾天祯. 心理：自测与训练 [M]. 上海：上海科学技术出版社，1989.

8. 刘援朝. 怎样认识自己和他人——心理测验和自测（续集）[M]. 北京：华文出版社，1991.

9. 翟福英. 钢铁般意志这样炼成 [M]. 天津：南开大学出版社，1998.

10. 钱鸣皋，刘晓敏. 让你拥有现代人的性格 [M]. 天津：南开大学出版社，1998.

11. 卢秀安，陈俊，刘勇. 教与学心理案例 [M]. 广州：广东高等教育出版社，2002.

12. 泛珠三角地区九所师范大学. 现代心理学 [M]. 广州：暨南大学出版社，2006.

13. 胡凯. 大学生心理健康新论 [M]. 长沙：中南大学出版社，2003.

14. 易修平，马建青. IQ 全测试 [M]. 上海：世纪出版集团，汉语大词典出版社，2003.